# 비행기
# 조종 기술
# 교과서

비행기 마니아를 위한 엔진 스타트, 이륙, 크루즈, 착륙,
최첨단 비행 조종 메커니즘 해설

나카무라 간지 지음 | 마대우 감수 | 전종훈 옮김

보누스

# 파일럿이 비행기를 조종하기 위해
# 꼭 필요한 것은 무엇일까

파일럿이 평소에 조종하던 비행기가 아닌 다른 기종의 비행기를 조종하려면 별도로 훈련을 해야 한다. 이 훈련을 시작하기 전에 해당 기종의 항공기 운영교범(FCOM. Flight Crew Operating Manual)을 파일럿에게 배부한다.

항공기 운영교범은 비행교범(AFM. Airplane Flight Manual. 항공법을 근거로 감항 증명을 취득할 때 신청서에 첨부하는 서류로, 성능 한계 등 가장 기본적인 사항을 규정한다.)의 허용 범위 내에서 안전성, 쾌적성, 경제성, 정시성 등 항공사의 운항 방침을 반영한 매뉴얼이다. 실제 비행기를 운용하기 위해 작성한다. 보통 A4 크기로 세 권이 있으며, 자유롭게 페이지를 바꾸거나 추가할 수 있게 만들어져 있다. 권당 두께는 7~8cm나 되는데, 최근에는 디지털화한 태블릿 형식으로 바뀌고 있다.

파일럿은 항공기 운영교범을 읽으면서 머릿속으로 몇 번이고 비행하며 앞으로 시작할 긴 훈련에 대비한다. 항공기 운영교범의 내용은 항공사의 운항 방침에 따라 구성이 약간 달라질 수 있다. 실제 구성 내용을 예로 들어보겠다.

## (1) 여러 계통의 상세 정보와 조작 방법(System description)
에어컨, 엔진, 오토파일럿, 조종 장치, 항법 장치, 유압 장치 등 비행기의
여러 계통에 관한 개요와 조작 방법.

## (2) 정상 절차(Normal procedures)
출발 준비부터 비행이 끝나고 파일럿이 비행기를 떠날 때까지의 통상적
인 조작과 보충 설명.

## (3) 긴급·고장에 관한 절차(Abnormal and emergency procedures)
엔진 화재나 급감압 등에서의 긴급 조작, 시스템이 고장 났을 때의 조작
및 보충 설명.

## (4) 보충 조작 절차(Supplementary procedures)
추운 날씨일 때의 조작 등 긴급, 고장, 통상 조작으로 분류할 수 없는 조작
및 보충 설명.

## (5) 운용 한계(Limitations)
비행기의 성능 한계나 엔진 등 여러 계통의 운용 한계.

## (6) 성능(Performance)
비행 계획을 세울 때 필요한 이륙 거리, 순항고도 선정, 소비 연료량 산출
등에 필요한 데이터, 운항에 필요한 엔진 출력표, 엔진이 고장 났을 때 필
요한 데이터 등.

## (7) 기타

목적, 효력, 보유자의 의무 등에 관한 총칙.


　이 책은 이런 항공기 운영교범의 '여러 계통의 상세 정보와 조작 방법'(앞의 예에서는 (1)), '정상 절차'(앞의 예에서는 (2))를 중심으로 출발 준비부터 도착까지 '수행해야 하는 절차', '그 절차로 시스템이 작동하는 상황'을 해설한다.

　또한, 이륙할 때와 착륙할 때 법적으로 요구하는 '성능'(앞의 예에서는 (6))과 연비가 가장 좋아지는 순항고도와 순항속도를 결정하는 방법도 다루며, 마지막 장에서는 기종에 따라 매뉴얼을 따로 제공하는 탑재 절차에 포함된 비행 중량과 무게중심 위치를 결정하는 방법(Weight and Balance)을 소개한다.

　파일럿들이 실제로 보는 항공기 운영교범에는 어떤 내용이 담겼는지 보면서 하늘 위에서 직접 비행기를 조종하는 상상을 하며 책을 읽기 바란다.


나카무라 간지

## 제2장 | 엔진에 시동을 걸다 ENGINE START

## 제4장 | 높이 상승하다 CLIMB

# 제5장 | 하늘길을 따라 순항하다 CRUISE

# 제6장 | 다시 지상으로 강하하다 DESCENT

# 제8장 | 비행 중량과 균형  WEIGHT & BALANCE

일러두기

- 이 책에 서술된 항공 기술이나 시스템 등의 내용은 2021년 기준입니다. 일본 항공사의 운영교범을 기준으로 하여, 국내 상황과 일부 다를 수 있습니다.
- '기장의 출발 전 확인'이나 '탑재 연료량' 같은 항공법에 관한 내용은 대한민국의 항공안전법과 운항기술기준에 의거해 수정했습니다.
- 항공기 운영교범에서 수치 표기 시 소수점으로 착각할 수 있는 콤마를 삽입하지 않기 때문에 본문의 수치 표기에서는 콤마를 제외했습니다.

# 조종석에 앉아보자

# INFORMATION

# 여객기의 비행 단계(Flight Phase)

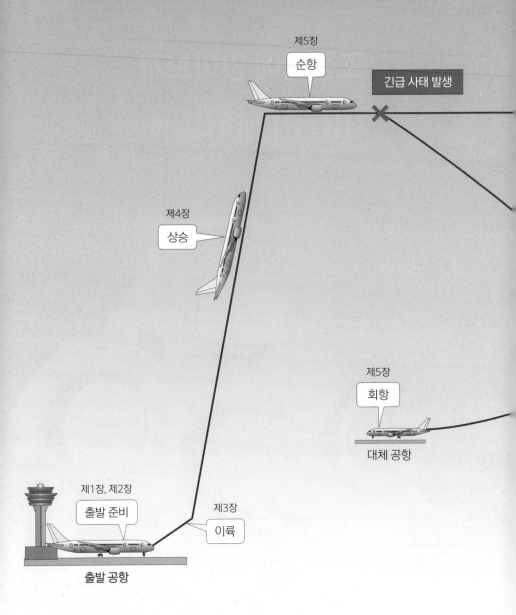

제5장
순항

긴급 사태 발생

제4장
상승

제5장
회항

대체 공항

제1장, 제2장
출발 준비

제3장
이륙

출발 공항

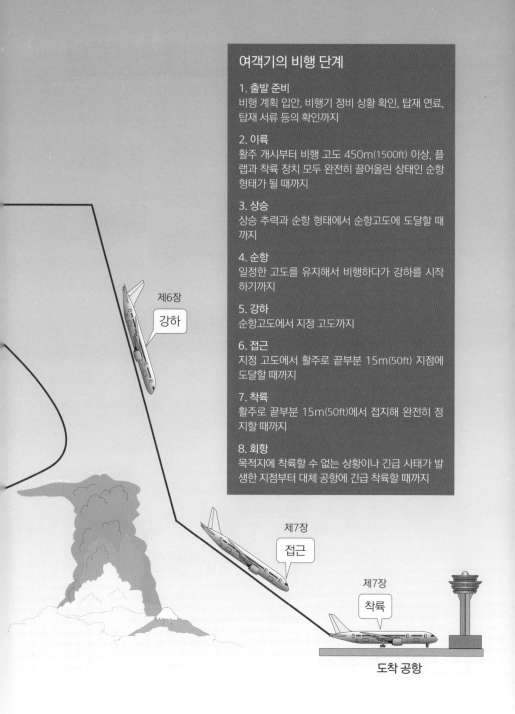

여객기의 비행 단계

**1. 출발 준비**
비행 계획 입안, 비행기 정비 상황 확인, 탑재 연료, 탑재 서류 등의 확인까지

**2. 이륙**
활주 개시부터 비행 고도 450m(1500ft) 이상, 플랩과 착륙 장치 모두 완전히 끌어올린 상태인 순항 형태가 될 때까지

**3. 상승**
상승 추력과 순항 형태에서 순항고도에 도달할 때까지

**4. 순항**
일정한 고도를 유지해서 비행하다가 강하를 시작하기까지

**5. 강하**
순항고도에서 지정 고도까지

**6. 접근**
지정 고도에서 활주로 끝부분 15m(50ft) 지점에 도달할 때까지

**7. 착륙**
활주로 끝부분 15m(50ft)에서 접지해 완전히 정지할 때까지

**8. 회항**
목적지에 착륙할 수 없는 상황이나 긴급 사태가 발생한 지점부터 대체 공항에 긴급 착륙할 때까지

제6장
강하

제7장
접근

제7장
착륙

도착 공항

# 제트 여객기의 조종면

보잉 787

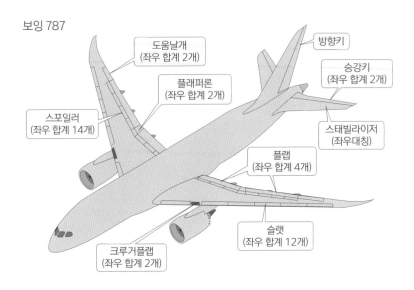

- 도움날개
(좌우 합계 2개)
- 플래퍼론
(좌우 합계 2개)
- 스포일러
(좌우 합계 14개)
- 방향키
- 승강키
(좌우 합계 2개)
- 스태빌라이저
(좌우대칭)
- 플랩
(좌우 합계 4개)
- 슬랫
(좌우 합계 12개)
- 크루거플랩
(좌우 합계 2개)

에어버스 A350

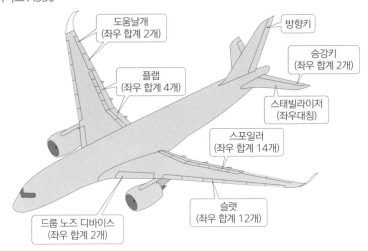

- 도움날개
(좌우 합계 2개)
- 플랩
(좌우 합계 4개)
- 방향키
- 승강키
(좌우 합계 2개)
- 스태빌라이저
(좌우대칭)
- 스포일러
(좌우 합계 14개)
- 슬랫
(좌우 합계 12개)
- 드룹 노즈 디바이스
(좌우 합계 2개)

## 도움날개(에일러론)

주 날개 후연(Trailing edge)에 설치해 '옆놀이(롤링) 모멘트'(비행기를 좌우로 기울어지게 하는 능력)를 만드는 조종면(비행기의 자세를 제어하는 데 필요한 가변식 날개).

## 방향키(러더)

수직꼬리날개에 설치해 '빗놀이(요잉) 모멘트'(기수를 좌우로 향하게 하는 능력)를 만드는 조종면.

## 승강키(엘리베이터)

수평꼬리날개에 설치해 '뒷질(피칭) 모멘트'(기수를 상하로 향하게 하는 능력)를 만드는 조종면.

## 플래퍼론

도움날개와 플랩의 기능을 함께 가지는 조종면. 플랩과 에일러론(비행기 날개 뒷전 끝단에 장착된 작은 조종면)을 합성한 조어.

## 스태빌라이저

수평꼬리날개 전체를 움직여 영각을 변화시켜서 승강키 조종면이나 가동 범위를 작게 만들거나, 조타 감각을 일정하게 유지하는 역할을 하는 장치.

## 스포일러

주 날개 윗면에 설치한 조종면이며, 양력을 감소시키거나 항력을 증가시키는 장치. 도움날개와 연동해서 선회를 보조하는 역할도 한다.

## 플랩

주 날개 후연에 설치해 날개를 밀어 내려서 캠버(주 날개의 휘어짐 상태)와 날개 면적을 크게 만들어 양력을 키우는 장치.

## 크루거플랩

주 날개 전연(Leading edge)에서 전방 아래로 내밀어 캠버와 전연 반경을 크게 만드는 효과를 주는 장치.

## 드룹 노즈 디바이스(Droop Nose Device)

주 날개 전연 부분이 아랫부분으로 처져서 캠버와 전연 반경을 크게 만드는 효과를 주는 장치.

## 슬랫

주 날개 전연에 설치한 가늘고 긴 날개면. 주 날개 전방으로 이동해서 주 날개와의 사이에 빈틈을 만들어 영각이 증가해도 날개 윗면을 흐르는 공기의 박리를 늦추는 장치.

# 보잉 787의 조종석

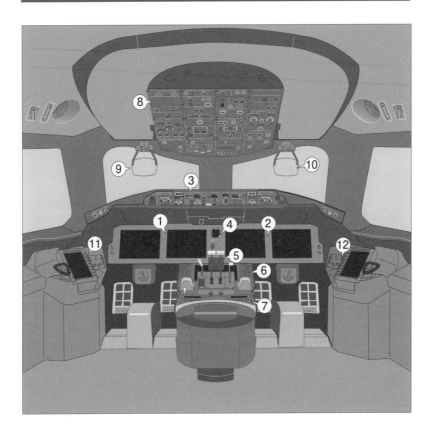

① 레프트 포워드 패널

② 라이트 포워드 패널

③ 글레어실드 패널

④ 센터 포워드 패널

⑤ 컨트롤 스탠드

⑥ 포워드 아일 패널

⑦ 애프터 아일 패널

⑧ 오버헤드 패널

⑨ 레프트 헤드업 디스플레이

⑩ 라이트 헤드업 디스플레이

⑪ 레프트 사이드 월

⑫ 라이트 사이드 월

## ① 레프트 포워드 패널(Left Forward Panel)
왼쪽 좌석에 있는 기장이 조종할 때 가장 중요한 비행 정보를 표시하는 두 장의 표시 화면이 설치된 패널. 오른쪽 표시 화면은 항법 관련과 엔진 계기 관련 내용으로 나눠서 표시한다.

## ② 라이트 포워드 패널(Right Forward Panel)
오른쪽 좌석에 있는 부기장이 비행을 모니터할 때 가장 중요한 비행 정보를 표시하는 두 장의 표시 화면이 설치된 패널. 왼쪽 표시 화면은 비행 상황에 따라 표시 내용을 바꿔서 운용한다.

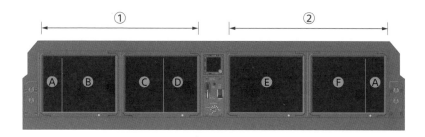

### Ⓐ AUX(Auxiliary Display)
편명, 시계, 통신기기 주파수, 올린 메시지 등을 표시한다.

### Ⓑ PFD(Primary Flight Display)
속도, 자세, 고도, 방위 등 가장 기본이 되는 비행 정보를 통합적으로 표시한다.

### Ⓒ ND(Navigation Display)
비행 위치, 방위, 비행 계획 경로, 무선항법 시설, 대지속도, 진대기속도, 바깥 공기의 풍향과 풍속, 기상 레이더 등 항법 정보를 그림으로 표시한다.

### Ⓓ EICAS(Engine Indication and Crew Alerting System)
엔진의 운전 상황을 표시하고 엔진과 각종 시스템에 이상이 있으면 메시지를 표시한다.

### Ⓔ ND(Navigation Display)
왼쪽 좌석의 ND(Ⓒ)보다 넓은 범위의 비행 정보를 통합적으로 표시한다.

### Ⓕ PFD(Primary Flight Display)
왼쪽 좌석의 PFD(Ⓑ)와는 다른 컴퓨터가 산출한 속도, 자세, 고도, 방위 등 가장 기본이 되는 비행 정보를 통합적으로 표시한다.

③ 글레어실드 패널(Glareshield Panel)

포워드 패널의 햇빛 차단용 글레어실드에 설치한 패널에는 비행기 속도, 자세, 위치, 고도, 엔진 추력 등 비행 방식과 표시 화면 등을 제어하는 스위치들이 위치한다.

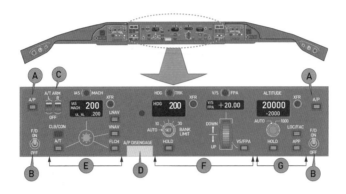

Ⓐ A/P(Autopilot Engage Switch)

푸시온(Push ON): 비행 제어 컴퓨터(FCC)는 오토파일럿에서 오는 신호를 읽어서 각 조종면을 움직인다.

Ⓑ F/D(Flight Director)

온(ON): 자세 지시계와 헤드업 디스플레이에 비행 지시(커맨드 바)를 표시한다.

Ⓒ A/T ARM(Autothrottle Arm Switch)

암(ARM): 이륙 추력과 수직 항법 등 각 모드에서 오토스로틀(자동 추력제어)을 작동할 준비를 완료한다.

Ⓓ A/P DISENGAGE(Autopilot Disengage Bar)

풀다운(Pull DOWN): 오토파일럿 신호가 비행 제어 컴퓨터에서 분리되면 경고 장치가 작동한다.

Ⓔ 속도·추력 제어

오토스로틀 및 오토파일럿, 플라이트 디렉터가 비행 속도 및 추력을 제어하는 스위치 종류.

Ⓕ 자세·방위 제어

비행 자세 및 기수 방향을 제어하는 스위치 종류.

Ⓖ 고도 제어

비행 고도 제어, 지상 무선항법 시설의 신호를 포착하는 스위치 종류.

## ④ 센터 포워드 패널(Center Forward Panel)

예비 자세 표시기 등의 계기판 및 좌우 좌석에서 착륙 장치 조작, 오토브레이크 제어 조작을 할
수 있게 가운데에 설치된 패널.

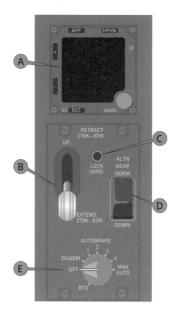

Ⓐ ISFD(Integrated Standby Flight Display)
예비 속도계, 예비 자세 지시기, 예비 고도계를 표시하는 디스플레이.

Ⓑ 랜딩 기어 레버(Landing Gear Lever)
착륙 장치 작동 레버. 손잡이는 타이어 모양이다.

Ⓒ LOCK OVRD(Override) Switch
지상에서 기어 레버를 올리지 못하도록 잠금 모드를 해제(Override)하는 버튼.

Ⓓ ALTN(Alternate) GEAR Switch
착륙 장치를 내리는 대체 장치. 올리는 기능은 없다.

Ⓔ 오토브레이크 셀렉터(AUTOBRAKE Selector)
오토브레이크 강도를 선택하는 스위치. RTO(Rejected Take Off)를 선택하면 이륙을 중단했을
때 자동으로 브레이크 강도가 최대가 된다.

## ⑤ 컨트롤 스탠드(Control Stand)
좌우 좌석에서 조작할 수 있게 중앙에 설치해서 엔진 추력이나 플랩 등을 제어할 수 있는 조작대.

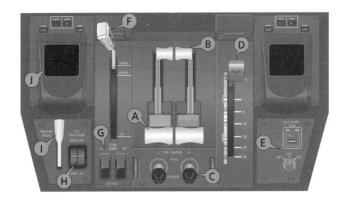

Ⓐ 포워드 스러스트 레버(Forward Thrust Lever)
엔진 추력을 제어하는 레버. 앞으로 밀면 추력이 커진다.

Ⓑ 리버스 스러스트 레버(Reverse Thrust Lever)
지상에서 레버를 올리면 팬에서 나오는 공기 흐름을 앞쪽 비스듬한 방향으로 변화시켜 제동력을 발생시키는 역추력 장치가 작동한다.

Ⓒ 연료 컨트롤 스위치(FUEL CONTROL Switch)
연료 탱크에서 엔진으로 유입되는 연료 밸브를 열고 닫는 스위치.

Ⓓ 플랩 레버(Flap Lever)
플랩을 내리고 올리는 레버.

Ⓔ ALTN(Alternate) FLAPS ARM Switch & Alternate Flaps Selector
통상적인 조작에서 플랩이 동작하지 않을 때의 대체 스위치류.

Ⓕ 스피드 브레이크 레버(Speed Brake Lever)
스피드 브레이크를 조작하는 레버.

Ⓖ STAB(Stabilizer) CUTOUT Switch
스태빌라이저를 강제로 정지시키는 스위치.

Ⓗ ALTN(Alternate) PITCH TRIM Switch
스태빌라이저를 직접 움직이는 스위치. 트림 참고 속도를 변화시키는 스위치.

Ⓘ 파킹 브레이크 레버(PARKING BRAKE Lever)
파킹 브레이크를 설정하는 레버.

Ⓙ 커서 컨트롤 디바이스(CCD. Cursor Control Device)
표시 화면 선택 및 커서 위치를 제어하는 장치.

⑥ 포워드 아일 패널(Forward Aisle Panel)
전기 계통과 에어컨 등 각 시스템의 도식 표시나 다음 비행 단계로 이행하기 위한 설정을 정확하게 할 수 있게 조종사를 도와주는 도구인 전자 체크리스트 등의 정보를 표시하는 다기능 디스플레이와 이를 제어하는 키패드를 갖춘 패널.

Ⓐ MFD(Multi-Function Display)
시스템 도식 표시나 전자 체크리스트 등을 표시하는 다기능 디스플레이. 비행 관리 시스템(FMS. Flight Management System)을 위해 CDU(Control Display Unit)로 사용할 때는 좌우로 나뉘어 각각의 MFK로 제어 가능하다.

Ⓑ MFK(Multi-Function Keypad)
MFD를 제어하는 키패드. 표시 내용 전환이나 비행 관리 시스템과 데이터 통신을 위한 입력에 사용한다. 알파벳 키의 동그라미 표시는 수동으로 위도와 경도를 입력할 때 동쪽(E), 서쪽(W), 남쪽(S), 북쪽(N)을 의미한다.

## ⑦ 애프터 아일 패널(After Aisle Panel)

항공교통 관제기관과 회사, 다른 비행기와 음성 및 데이터 무선 통신이나 파일럿과 지상 정비사, 파일럿과 객실 승무원 간의 인터폰에 사용하는 통신기기류에 더해 엔진의 화재 발생 시 소화하고 연소를 방지하는 장치와 프린터 등이 설치된 패널.

Ⓐ 튜닝 컨트롤 패널(TCP. Tuning and Control Panel)
관제 통신과 인터폰 통화를 제어(주파수 설정 등)하는 패널.

Ⓑ 오디오 컨트롤 패널(ACP. Audio Control Panel)
관제 통신과 인터폰 통화를 관리(송수신 선택이나 볼륨 조절 등)하는 패널.

Ⓒ 엔진 파이어 패널(Engine Fire Panel)
엔진에 화재가 발생했을 때 불을 끄고 연소를 방지하는 조치를 하는 패널.

Ⓓ G/S INHIBIT & AURAL CANCEL Switch
평소에는 유효한 경보 장치이지만, 엔진 고장 같은 긴급 사태에서 비행할 때는 방해가 될 수 있
으므로 이들 경보가 울리지 않도록 만드는 패널.

Ⓔ 트랜스폰더 모드 셀렉터(TRANSPONDER MODE Selector)
응답하는 장치의 모드를 선택하는 패널.

Ⓕ 러더 트림 셀렉터(RUDDER Trim Selector)
빗놀이(요잉) 상황에서 균형을 잡기 위해 방향타를 미세 조정하는 패널.

Ⓖ EVAC(Evacuation) COMMAND Switch
긴급 탈출 신호를 발신하는 스위치.

Ⓗ 옵서버 오디오 셀렉터(Observer Audio Selector)
옵서버 좌석(후방에 위치)의 통신 장치를 제어하는 패널.

Ⓘ 프린터 컨트롤 패널(Printer Control Panel)
메시지와 기상 정보 등 인쇄를 제어하는 패널.

Ⓙ 핸드셋(Handset)
승무원과의 통화 및 기내 방송에 사용하는 핸드셋.

Ⓚ 아일 스탠드 패널(Aisle Stand Panel/Flood Light Control)
중앙 패널 조명(야간 비행에서도 패널의 문자를 인식할 수 있게 해주는 백라이트)과 투광 조명을 제어하
는 패널.

Ⓛ 프린터(Printer)
프린터와 종이 배출구.

### ⑧ 오버헤드 패널(Over Head Panel)

기내 온도 및 기압을 일정하게 유지하는 장치, 연료 공급 장치, 유압 장치, 전기 공급 장치, 기체 안팎의 조명 장치, 정비 작업용 장치 등을 제어하는 패널.

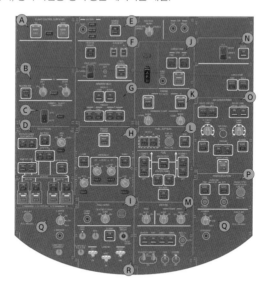

ⓐ 플라이트 컨트롤 서피스 록 스위치(FLIGHT CONTROL SURFACES LOCK Switch)
정비 작업 중에 주 날개와 꼬리날개에 있는 조종면이 갑자기 작동하는 일이 없도록 하는 패널.

ⓑ IRS Switch
비행 고도, 속도, 자세, 방위, 위치를 산출하는 관성 기준 시스템(IRS. Inertial Reference System)을 제어하는 패널.

ⓒ 프라이머리 플라이트 컴퓨터스 디스커넥트 스위치(PRIMARY FLIGHT COMPU-
TERS Disconnect Switch)
조종간의 움직임을 주 조종 컴퓨터에서 분리하는 스위치.

ⓓ 일렉트리컬 패널(Electrical Panel)
발전기와 배전반 및 보조 동력 장치(APU. Auxiliary Power Unit)를 제어하는 패널.

ⓔ 토윙 파워 패널(Towing Power Panel)
승객이 탑승하지 않은 비행기를 견인할 때, 통신기기와 충돌 방지 램프 등에 필요한 전원을 제어하는 패널.

Ⓕ 승객 산소&긴급 탈출 스위치(Passenger Oxygen&Emergency Lights Switch)
객실의 산소마스크 및 긴급 탈출 램프 등을 제어하는 패널.

Ⓖ 윈도 히트 패널(WINDOW HEAT Panel)
조종석 유리창 외부 표면에 얼음이 붙는 것과 내부 표면에 김이 서리는 것을 방지하는 전열 히터
를 제어하는 패널.

Ⓗ 유압 패널(Hydraulics Panel)
조종면, 고양력 장치, 착륙 장치, 조향, 역추력 장치 등을 움직이는 유압 장치를 제어하는 패널.

Ⓘ PASS(Passenger) Sign Panel
안전띠 사인 및 알림음으로 객실에 정보를 제공할 때 사용하는 패널.

Ⓙ APU and Cargo Fire Panel
APU(보조 동력 장치) 및 화물실 화재를 탐지하고 제어하는 패널.

Ⓚ 엔진 컨트롤 패널(Engine Control Panel)
엔진 전자 제어 장치 및 시동 장치를 제어하는 패널.

Ⓛ 연료 시스템 패널(Fuel System Panel)
연료 공급 제어 및 긴급 시 연료 방출을 제어하는 패널.

Ⓜ 안티 아이스 패널(Anti-Ice Panel)
엔진 커버 전연 및 주 날개 전연에 얼음이 붙는 것을 방지하는 장치를 제어하는 패널.

Ⓝ ELT(Emergency Locator Transmitter) Control & HUMID Panel
긴급 위치 발신기와 조종실 안의 습도를 제어하는 패널.

Ⓞ 에어컨디셔닝 패널(Airconditioning Panel)
조종석 및 객실, 전자기기류 설치실, 화물실의 기온과 환기를 제어하는 패널.

Ⓟ 프레서라이제이션 패널(Pressurization Panel)
기내 기압을 일정하게 유지하는 감압 밸브를 제어하는 패널.

Ⓠ 와이퍼/세정액 패널(Wiper/Washer Panel)
조종석 전면 유리창의 와이퍼와 세정액을 제어하는 패널.

Ⓡ 라이팅 패널(Lighting Panel)
기체 안팎의 조명 장치를 제어하는 패널.

## ⑨ ⑩ 헤드업 디스플레이(HUD. Head Up Display)

아래 그림처럼 전방 유리 바로 앞에 비행 자세, 속도, 고도, 활주로 심볼과 같은 비행 정보를 표시하는 장치. 파일럿은 머리를 든 자세에서 유리 외부 전방의 활주로 같은 환경과 디스플레이에 표시되는 비행 정보를 동시에 확인할 수 있다. 특히 착륙하는 공항의 시계가 나쁜 상황에서 안전성을 높이고 조종을 정확하게 할 수 있다. 표시되는 비행 정보는 조종간에 설치된 스위치로 메인 계기인 PFD와 같은 표시 또는 간결한 표시로 전환할 수 있다. 필요 없을 때는 위쪽에 수납한다.

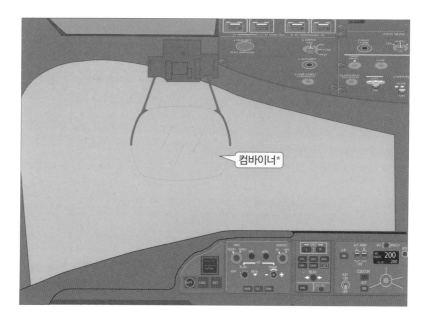

★ **컴바이너**(Combiner)
방풍창 유리 외부 시야와 투영 비행 정보를 조합하는 반투명 플라스틱 디스플레이.

## ⑪ ⑫ EFB(Electric Flight Bag) 디스플레이 유닛(양 사이드 월)

파일럿이 비행 가방에 넣어 다니는 운항에 관한 각종 규정이나 항공도 등의 서류, 비행기에 탑재해야 하는 탑재용 항공 일지 등을 데이터베이스화하여 필요할 때 열람할 수 있는 디스플레이 시스템. 종이를 사용하지 않으므로 수작업으로 최신 정보로 고칠 필요가 없으며, 정보 공유화로 작업 능률이 올라가는 장점이 있다.

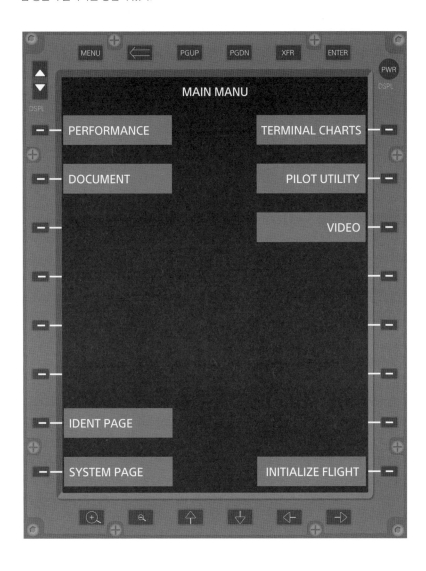

# 기장과 부기장의 업무 분담

예전에는 조종 업무를 담당하는 파일럿과 조종 외 업무를 담당하는 파일럿의 업무 분담이 명확하지 않았다. 예를 들어, 오른쪽에 앉은 부기장이 기장 대신 조종 업무를 맡을 때 "구조상 조작할 수 없는 것을 제외하고 기장과 부기장의 업무를 교환한다."라며 애매하게 표현했다.

하지만 안전하고 효율적인 운항을 위해서 개발한 CRM(Crew Resource Management)에서는 업무 분담(Task Sharing)이라는 관점에서 조종 업무를 담당하는 파일럿을 PF(Pilot Flying), 조종 외의 업무를 담당하는 파일럿을 PNF(Pilot Not Flying)라 불러서 업무를 분명하게 분담했다.

IT가 발달하면서 업무 내용이 변하자, PNF를 PM(Pilot Monitoring)으로 변경해서 업무 분담을 더욱 분명하게 했다. 또한 업무와 관계없이 모든 책임과 지휘권을 가지는 기장을 PIC(Pilot In Command)라고 부른다.

PF의 업무
· 조종(비행경로와 비행 속도 제어)
· 비행 형태(플랩, 착륙 장치 조작 시기 결정)
· 항법

PM의 업무
· 체크리스트 수행
· 통신 업무 수행
· PF가 요구한 업무 수행
· 운항 상황 감시
· PF에게 적절한 조언 제공

제1장

# 비행 전에 준비해야 할 것
## PREFLGHT

## IRS 셀렉터

출발 준비는 패널 설정 작업부터 시작한다. 비행기에 전원을 켠 후,
IRS(Inertial Reference System) 셀렉터를 ON 위치에 놓는다.

> ➤ IRS(관성 기준 시스템) 패널의 모습

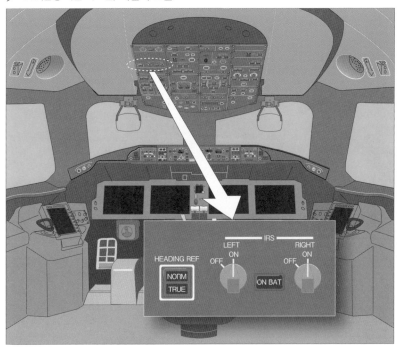

IRS는 관성 기준 시스템이며, 비행기 자세와 위치 등을 산출하는 중요한 장치다. 또한, 오조작을 방지하기 위해 셀렉터를 당겨 올리지 않으면 OFF 위치에 둘 수 없다.

관성이란 '물체가 외력을 받지 않는 한 같은 상태를 유지하려는 성질'이다. 예를 들면, 전철이 정지한 상태일 때는 천장에 달린 손잡이도 정지해 있다. 하지만 전철이 가속하면 손잡이는 관성 때문에 진행 방향의 반대 방향으로 기운다. 전철이 일정한 속도에 도달하면 손잡이는 원래 위치로 돌아가고, 감속하면 진행 방향으로 기운다.

이것은 전철을 외부에서 보지 않고 전철 안에서 손잡이만 관찰해도 전철의 가속도를 측정할 수 있음을 보여준다. 이 가속도를 적분하면(시간을 곱한다.) 속도를 산출할 수 있고, 한 번 더 적분하면 이동 거리를 산출할 수 있다.

비행기도 마찬가지라서 손잡이처럼 관성을 이용한 가속도계를 설치하면, 비행기 안에서 비행 속도(대지속도)와 이동 거리를 산출할 수 있다.

단, 여기서는 다음 내용을 주의해야 한다.

(1) 출발점 위치를 기억한다.
(2) 비행기가 기울어질 때는 가속도로 검출하지 않는다.
(3) 나침반이 가리키는 자북이 아니라, 지도상의 진북을 기준으로 한다.


이런 문제를 해결하려고 개발한 것이 INS(Inertial Navigation System, 관성 항법 시스템)이다. 기계적으로 고속 회전하는 자이로(방향 감지 센서)의 성질을 이용하려고 진북과 수평을 유지하는 플랫폼이라 불리는 판 위

➤ INS(관성 항법 시스템) CDU

에 가속도계를 설치하므로, 비행기가 기울어져도 가속도를 검출하지 않는다.

단, 출발점의 위치를 기억하려면 소리를 내 "N35.323 E129.462"처럼 말하면서 위도와 경도를 수동으로 입력해야만 했다. 이렇게 입력한 현재 위치 및 지구의 각속도를 검출하면 15분 정도가 지나서 진북과 수평이 나왔다.

여담이지만, 이 INS가 개발되고 나서야 비행기 내부에서도 진북을 알 수 있었다. 이전에는 지자기를 이용해서 자이로 축을 수정했으므로 자북만 알 수 있었다. 지금도 항공로는 자기 방위를 기준으로 한다. 예컨대, 앵커리지 국제공항 활주로 07에 착륙하려면 자기 방위 72°로 북동쪽을 향해 진입해야 한다. 하지만 실제 지도 위에서는 거의 동쪽을 향한다. 편차 (실제 북극과 자기 북극이 달라서 발생하는 차이)가 18°나 있기 때문이다.

시간이 흘러 기계식 자이로보다 정확하게 각속도를 검출할 수 있는

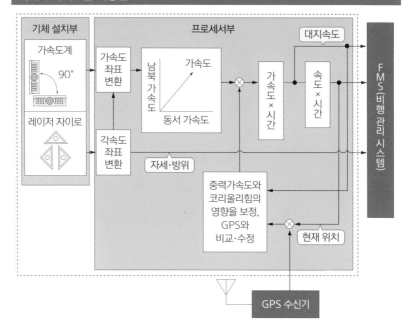

레이저 자이로를 이용한 IRS

기체 설치부

가속도계

90°

레이저 자이로

프로세서부

가속도
좌표
변환

남북
가속도

가속도

동서 가속도

각속도
좌표
변환

자세·방위

대지속도

가속도×시간

속도×시간

중력가속도와
코리올리힘의
영향을 보정,
GPS와
비교·수정

현재 위치

F M S (비행 관리 시스템)

GPS 수신기

'레이저 자이로를 이용한 IRS'가 개발됐다. IRS는 컴퓨터로 가상 기준 축
을 실시간으로 수정하는 스트랩다운(Strapdown)이라 부르는 방식을 사용
한다. 스트랩다운 방식은 기계적으로 수평·진북을 유지할 필요가 없어
서 소형 경량으로 설치하기 쉬우며, 소비전력이 적다. 이 밖에도 장점이
많다.

게다가 GPS(Global Positioning System)를 추가해 더 정확한 위치를 파
악할 수 있어 수동으로 출발점 위치를 입력할 필요도 없다. 또한 IRS는
INS처럼 항법 시스템 본체가 아니라 비행 관리 시스템에 위치와 자세 정
보를 제공하는 장치라서 관성 기준 시스템이라 부른다.

## 공기 상태를 파악하는 '에어 데이터 기준 장치'

IRS는 지구 표면에 대한 속도와 위치, 즉 비행기와 지상과의 관계를 알 수 있는 장치임을 기억해야 한다. 비행기는 공기를 이용해서 비행하므로, 고속으로 통과하는 공기 상태를 파악할 필요가 있다.

그런 용도의 장치가 피토관과 정압공, 온도 센서로 공기를 감지해서 디지털 처리하는 에어 데이터 기준 시스템(ADRS. Air Data Reference System)이다. 비행기에 작용하는 공기의 힘에는 정압(외기압)과 동압(비행기가 운동하면서 발생하는 압력)이 있다. 피토관은 동압을 대기속도로 환산하고, 정압공은 정압을 검출해서 기압고도와 상승/강하율로 변환한다. 검

➤ 에어 데이터 기준 장치의 모습

피토관

정압공

피토관과 정압공은 자세 변화의 영향을 잘 받지 않는 기체 전방에 설치한다.

STATIC PORT
DO NOT PLUG OR DEFORM
HOLES INDICATED AREAS
MUST BE SMOOTH AND
CLEAN

정압

전압

정압

(동압) = (전압) – (정압)

피토관 끝부분의 정체점에서는 유속이 제로이며, (전압) = (정압) + (동압)이 성립하는 것을 이용하여 동압을 측정해서 속도로 환산한다. 지상의 공기 밀도를 기초로 대기속도계 눈금을 설정한다.

출한 압력을 에어 데이터 모듈(ADM. Air Data Module)에서 디지털로 변환하므로 예전에는 배관이었던 부분이 배선으로 바뀌어 가벼워지고, 신뢰성이 향상됐다.

비행기에서 중요한 속도계인 대기속도계는 일반적인 속도인 시간당 진행 거리를 나타내는 장치가 아니다. 간략하게 말하자면, 속도계가 아니라 동압계다. 그 이유는 비행기에 작용하는 공기의 힘 가운데 비행기를 받쳐주는 공기의 힘을 양력이라 하고 진행을 방해하는 공기의 힘을 항력이라 불러서 구분하는데, 이런 공기의 힘이 동압에 비례하기 때문이다. 동압을 기준으로 한 대기속도계로 비행하면, 비행기를 받치는 양력의 크기를 알 수 있을 뿐만 아니라, 비행기 강도에 영향을 미치는 항력의 크기도

▶ 마하수 vs 공기 압축

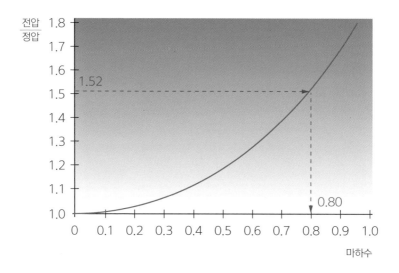

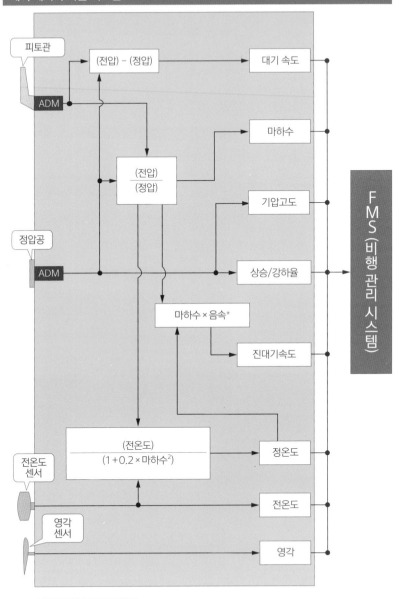

\* 음속 = $\sqrt{38.97 \times 273.15 + 정온도}$ (노트)

알 수 있다.

또한 마하수는 $\frac{전압}{정압}$으로 산출할 수 있다. 이것은 $\frac{전압}{정압}$이 마하수의 제곱에 비례하는 관계이기 때문이다.

온도 센서는 비행기와 부딪히면서 상승한 온도인 전온도(TAT. Total Air Temperature)를 측정한다. 전온도를 기준으로 측정한 외기 온도(OAT. Outside Air Temperature)를 정온도(SAT. Static Air Temperature)라고도 부르며, ADRS에서는 직접 측정한 온도가 아니라 컴퓨터가 산출한 온도를 사용한다.

## 출발 전 확인

IRS를 ON으로 한 후의 조작은 기장이 항공안전법 및 운항기술기준에서 요구하는 항목을 체크하는 '출발 전 확인'이다.

MFD(Multi-Function Display)에 STATUS 페이지와 EICAS를 표시해서 엔진오일양, 탑재 연료량, 유압 장치 작동액량, 산소마스크용 용기 압력 등을 확인한다. 더 나아가 '항공기에 구비하는 서류'의 탑재 확인도 동시에 시행한다.

## 비행 관리 시스템(FMS)

IRS ON 및 탑재 연료량, 엔진오일양, 구비 서류 확인 등은 PM(통상적으로는 부기장)이 시행하고, PF(통상적으로는 기장)는 비행기 외부 점검을 시행한다.(역할 분담은 항공사에 따라 다를 수 있다.) 외부 점검을 마친 PF가 조종석에 돌아오면, PF와 PM이 FMS 세트 조작을 시작한다.

조종석에 들어가서 먼저 IRS를 ON으로 두는 이유는 레이저 자이로가 지구 자전 각속도를 검출하고 진북과 수평을 산출해서 자세와 위치 정보 등을 제공할 수 있는 상태, 즉 자립하기까지 얼라인먼트라 부르는 조정 시간이 10분 정도 필요하기 때문이다. IRS 얼라인먼트가 완료되면 FMS 세팅이 가능해진다.

➤ 출발 전에 확인해야 할 계기 사항

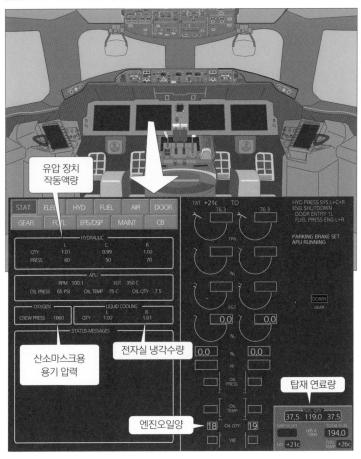

## 기장의 '출발 전 확인'

대한민국 항공안전법 시행규칙 제136조(출발 전의 확인)

제136조(출발 전의 확인) ① 법 제62조 제2항에 따라 기장이 확인하여야 할 사항은 다음 각 호와 같다.

1. 해당 항공기의 감항성 및 등록 여부와 감항증명서 및 등록증명서의 탑재
2. 해당 항공기의 운항을 고려한 이륙중량, 착륙중량, 중심위치 및 중량분포
3. 예상되는 비행조건을 고려한 의무무선설비 및 항공계기 등의 장착
4. 해당 항공기의 운항에 필요한 기상정보 및 항공정보
5. 연료 및 오일의 탑재량과 그 품질
6. 위험물을 포함한 적재물의 적절한 분배 여부 및 안정성
7. 해당 항공기와 그 장비품의 정비 및 정비 결과
8. 그 밖에 항공기의 안전 운항을 위하여 국토교통부장관이 필요하다고 인정하여 고시하는 사항

② 기장은 제1항제7호의 사항을 확인하는 경우에는 다음 각 호의 점검을 하여야 한다.

1. 항공일지 및 정비에 관한 기록의 점검
2. 항공기의 외부 점검
3. 발동기의 지상 시운전 점검
4. 그 밖에 항공기의 작동사항 점검

## 비행기에 구비하는 서류

1. 항공기등록증명서
2. 감항증명서
3. 항공일지
4. 그 밖에 국토교통부에서 정하는 항공 안전을 위해 필요한 서류
5. 운용한계 지정서
6. 비행규정
7. 비행 구간, 비행 방식, 그 밖의 비행 특성에 맞춘 적절한 항공도
8. 운항규정(항공운송사업용으로 제공하는 경우에 한한다.)

## 출발 전 외부 점검

외부 점검은 육안으로 하는 점검인데, 그 이상의 검사·확인 절차가 필요 없고 비행하기에 만족할 만한 상태임을 확인하려고 시행한다.

### 점검 중점 항목
· 비행기에 구조적인 손상과 연료 누설 등이 없다.
· 타이어의 마모와 흠집 등의 문제가 없다.
· 엔진 공기 흡입구 및 배기구에 이물이 없으며 커버에 손상이 없다.
· 피토관과 정압공이 막혀 있지 않다.
· 탈출용 도어가 확실하게 닫혀 있다.
· 각 액세스 패널이 수납돼 있다.
· 각종 안테나에 손상된 부분이 없다.

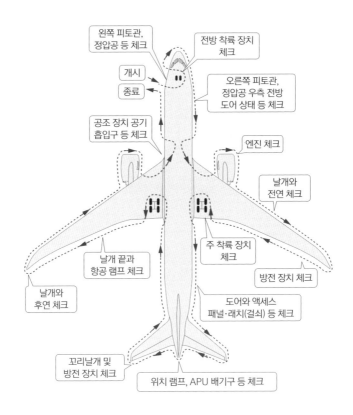

얼라인먼트는 지상에서만 가능하며, 그동안에는 비행기를 움직일 수 없다. 그리고 고위도, 즉 극지방에 가까울수록 지구 자전 각속도가 작아지므로 더 많은 시간이 필요하다. 작아진 각속도를 레이저 자이로가 검출해서 진북과 수평의 정확도를 높일 수 있는 위도에는 한계가 있다. 보잉 787이라면 북위 또는 남위 78° 이상에서는 얼라인먼트를 금지한다. 참고로, 에어버스 A380은 80° 이상, 기계식 자이로를 사용하는 보잉 747-200은 76° 이상에서 얼라인먼트를 금지한다.

이런 제한은 예컨대, '북위 78° 이상에 있는 공항의 주기장에서 IRS를 OFF에서 ON으로 하면, 일정 시간 안에 자립하지 못할 가능성이 있음'을 의미한다. 북위 78° 미만인 공항에서 얼라인먼트한 후에 이륙하면, 북위 78° 이상은 물론이고 북극이라도 전혀 문제없이 상공을 비행할 수 있다.

## 출발 전에 실시하는 FMS의 여러 가지 준비

출발 전 FMS 조작으로 돌아가자. 우선, 비행기와 엔진의 형식을 확인한다. 같은 기종이라도 기체와 엔진 형식이 다르면 비행 성능이 크게 달라지므로, 자신이 타는 비행기와 엔진의 정보를 먼저 파악하는 것은 매우 중요하다.

다음으로 항법 데이터베이스가 유효한지를 확인한다. 운항에서 중요한 시설, 출발·도착 방식, 항공로 등의 변경을 국제 규칙에 따라 28일 간격으로 발행한다. 이들 정보가 FMS의 데이터베이스에 반영되어 있는지를 확인한다. 또한 GPS의 위치 정보가 정확하므로 파일럿이 입력할 필요는 없지만, 머무르고 있는 게이트의 위도나 경도와 일치하는지는 확인해

# FMS 출발 전 조작

· Inertial Data ⋯ Set
비행기와 엔진 형식, 항법 데이터베이스 유효기간 확인
출발 지점 위치, 표시 시간 확인

· Navigation Data ⋯ Set
상향 링크된 편명, 비행경로 확인 및 기동

· Performance Data ⋯ Set
비행 중량 입력, 탑재 연료량 확인, 이륙 속도 확인 등

## ➤ 비행기 출발 전 조작

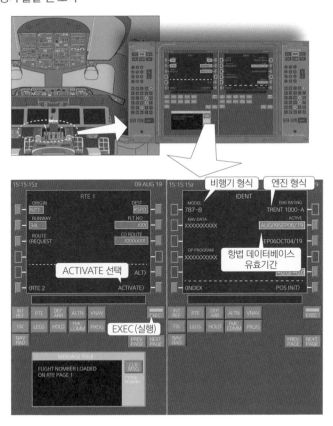

야 한다.

그리고 항법 데이터 설정 조작을 한다. 운항비행계획서(Company Flight Plan)상 목적지까지의 경로는 데이터 링크를 통해 FMS로 전송된다. 수신한 경로를 FMS 안의 데이터베이스와 연결하기 위해 'ACTIVATE'를 선택하고 'EXEC'(실행)한다. 이런 일련의 조작으로 FMS의 유도 기능 준비가 끝난다. FMS 안의 경로와 항공교통 기관에 제출한 비행 계획이 일치하는지 확인하는 것도 중요하다. 또한, 웨이포인트란 경로의 기점이 되는 지리적 지점을 말한다.

마지막으로 비행 성능에 관한 사항을 설정하면 FMS의 출발 준비가 끝난다. 최종 탑승자 수와 탑재 화물로 결정한 무연료 중량(ZFW. 연료를 제외한 총 비행 중량)을 입력하면, 실제로 탑재된 연료 중량이 가산돼 이륙 중량이 나온다. 이륙 중량을 기준으로 이륙 추력이나 이륙 속도 등을 산출할 수 있다. 엔진을 켠 후에는 FMS 연료 관리 기능으로 이륙 중량에서 연료 유량을 빼고 산출한 비행 중량이 실속 속도 같은 비행 성능의 기준이 된다.

## FMS는 PMS보다 성능이 훨씬 좋다

FMS 세팅 조작이 끝났으니 그 기능에 관해 확인해 보자. 먼저, FMS가 개발되기 전의 항법 장치인 성능 관리 시스템(PMS. Performance Management System)을 알아보자.

PMS는 기존에 있던 INS에 덧붙이는 시스템으로 개발됐다. 상승, 순항, 강하를 할 때 경제적인 속도를 산출하고, 엔진 추력을 자동으로 제어

➤ 보잉 747의 PMS CDU

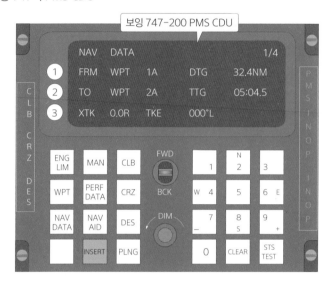

해 수직 방향 경로를 유도하는 즉 수직 항법을 가능하게 한 항법 장치다.
INS가 9군데의 웨이포인트밖에 기억하지 못하는 데 비해, PMS는 72군
데의 웨이포인트를 기억할 수 있다.

단, 유럽 비행편에서는 경로 위에 있는 웨이포인트 70군데 전후의 위
도와 경도를 '노스 삼오삼이구'와 같이 읽는 것에 대응해서 입력 조작을
시행해야만 했기에 출발 준비가 힘들었다.

그리고 컴퓨터 및 출력 표시 장치가 발달함에 따라 플라이 바이 와이
어나 전자식 엔진 제어 등을 채택한 비행기가 나타났고 FMS가 등장했다.
이런 디지털이 주역인 비행기는 자동 제어를 도입하기가 쉬워서 아날로
그 중심이던 비행기와 비교하면 신뢰성이 높고 정확도가 뛰어나다. 그래
서 FMS와 PMS의 기능은 같아도, 정확도에서 크게 차이가 난다.

> 보잉과 에어버스의 FMS CDU

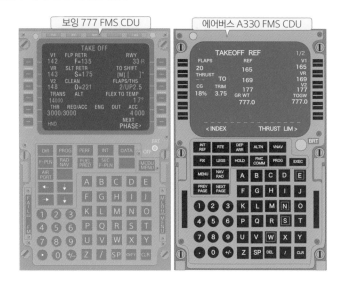

FMS에는 항법 관리 기능과 성능 관리 기능에 더해서 연료 감시 기능과 표시 기능이 있다. 게다가 데이터 통신 기능 덕분에 FMS 데이터베이스를 업데이트하는 것도 수월해졌고, 비행경로 입력 조작도 따로 필요 없어져서 파일럿의 업무 부담 경감이나 운항 효율 향상에 크게 공헌하고 있다. 또한 초기 CDU는 FMS 전용이었지만, 지금은 파일럿이 원하는 때에 다기능 디스플레이에 표시해서 조작과 열람을 할 수 있는 방식이 주류다.

## 기장과 부기장의 출발 준비 작업
기장과 부기장이 FMS 설정을 마치면, 각자가 담당하는 범위의 패널을 스캔(일정한 순서로 각 패널을 주의 깊게 조사하는 작업)하면서 출발 준비 조작을 한다.

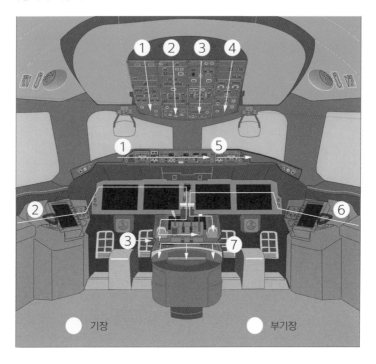

각자의 조작이 끝나면, 비행 전 체크리스트를 시행한다. 체크리스트란 다음 비행 단계로 이행하기 위해 비행기를 정확하게 설정할 수 있도록 파일럿을 지원하는 도구다. 점검 항목을 열거하여 표로 정리한 것이다. 현재 체크리스트는 점검 항목을 두꺼운 종이에 인쇄한 것이 아니라, 화면에 표시하는 전자 체크리스트가 대부분이다.

## ADRS와 IRS의 데이터 흐름

| PFD | EICAS | ND |
|---|---|---|
| ·대기 속도, 자세, 고도<br>·마하수, 방위, 상승/강하율<br>·대지속도, 진대기속도 | ·전온도<br>·정온도 | ·방위, 위치<br>·대지속도<br>·진대기속도 |

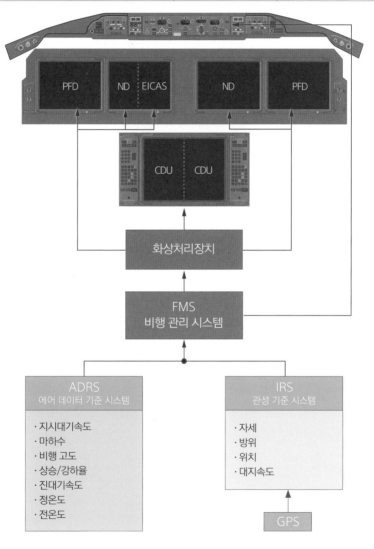

# PF와 PM의 CDU 조작 순서

아날로그 시대의 비행기는 각 시스템이 서로 연동되지 않았다. 따라서 파일럿은 각 기기로부터 얻은 독립된 정보를 종합적으로 파악해서 정확하게 조작해야만 했다. 예를 들면, 초기의 보잉 747에서는 관제사로부터 "○○피트로 상승, ○○로 직행, ○○노트로 감속"이라는 지시를 받으면, 중앙 패널에 있는 오토스로틀 제어 패널을 조작해서 최대 상승 추력으로 설정하고, 다음으로는 글레어실드 앞면에 있는 오토파일럿 제어 패널을 조작해서 기수를 올리는 자세로 만들어 항공기를 상승시켰다. 지정한 속도가 되자마자 속도 유지 모드로 설정하고, 직행을 지시받은 웨이포인트를 번호로 확인한 후 중앙 패널에 있는 INS CDU를 조작하는 식으로 각각 독립된 패널 조작을 순서대로 시행해야만 했다.

FMS는 CDU 조작만으로 관제사의 지시를 재빨리 수행할 수 있게 해줘서 파일럿의 업무 부담을 줄여줬다. 아울러, CDU는 비행에 큰 영향을 미치는 장치이므로, 그 조작 방법을 확실하게 정해야 한다. 예를 들자면, 파일럿 두 사람 모두 글레어실드 안에 머리를 틀어박은, 이른바 헤드다운 상태에서 CDU를 조작한다면, 비행 상황 파악과 외부 감시를 하지 못할 우려가 있다.

그래서 출발 준비를 제외한 비행 중(지상 활주를 포함)에 CDU 조작은 PF가 지시하고 PM이 수행하는 절차를 거쳐야 한다. FMS를 실제로 작동시키는 스위치인 EXEC를 조작하는 단계에서 PM은 "Standing By EXECUTE"라고 구두로 허가를 구하며, PF가 CDU 조작 내용을 확인하고 "EXECUTE"라고 허가하는 조작 절차(Confirmed Action)를 수행한다.

제2장

# 엔진에 시동을 걸다

## ENGINE START

# 탑승 개시

## 테이크오프 브리핑

일반적으로 승객의 탑승 개시는 출발 예정 시각 20~30분 전이다. 파일럿
은 승객이 탑승하기 전에 조종석에 앉아 있어야만 한다. 기장(PIC)은 출
발 전 점검을 시행하고, 비행기가 비행할 수 있는 상태인지 확인하고 나
서 승객의 탑승을 허가한 다음에 부기장과 함께 조종석에 들어가서 패널
의 상세 설정을 시행하는 과정을 거친다.

패널 설정이 끝나면 이륙에 대비해 FMS CDU 'TAKEOFF REF' 페
이지에 표시되는 이륙 속도 $V_1$, $V_R$, $V_2$와 EFB(전자 플라이트 백)에 표시되
는 표준 계기 출발 방식(SID. Standard Instrument Departure) 등을 참고해
서 테이크오프 브리핑을 시행한다. 브리핑은 중요한 비행 단계에서 조종
을 담당하는 파일럿인 PF가 시행한다. 매우 중요한 절차로, 통상적인 비
행은 물론이고 긴급 시 조작 순서가 어떻게 되는지 PF의 의도를 보여주
고, 조종실 내 운항 승무원 전원이 그 의도를 공유하려는 목적이 있다. 브
리핑은 운항 승무원의 교대가 없더라도 비행마다 시행한다.

이어서, 이륙 중 엔진 고장에 관한 브리핑을 예로 들어보자. 이륙을 위
해 가속을 개시한 후, 속도 $V_1$ 이전에 엔진 고장이 발생한 때는 명확하게

## ➤ 테이크오프 브리핑 시 참고 사항

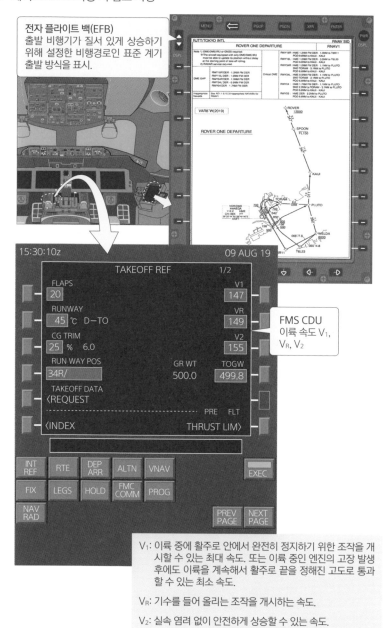

전자 플라이트 백(EFB)
출발 비행기가 질서 있게 상승하기
위해 설정한 비행경로인 표준 계기
출발 방식을 표시.

FMS CDU
이륙 속도 V₁,
Vᴿ, V₂

V₁: 이륙 중에 활주로 안에서 완전히 정지하기 위한 조작을 개
시할 수 있는 최대 속도. 또는 이륙 중인 엔진의 고장 발생
후에도 이륙을 계속해서 활주로 끝을 정해진 고도로 통과
할 수 있는 최소 속도.

Vᴿ: 기수를 들어 올리는 조작을 개시하는 속도.

V₂: 실속 염려 없이 안전하게 상승할 수 있는 속도.

"Reject"라고만 콜하고 이륙 중단 조작을 실시하며, 긴급 탈출이 필요하면 해당 절차를 수행한다. 속도 $V_1$ 이후라면 엔진이 고장 난 상태로 이륙을 계속한다. PM이 ATC(관제 기관)에 비상상황임을 선포하며, 상황에 따라 연료 방출 가능 지역까지 유도를 해 적절한 조치 시행 후에 출발지로 돌아가는 절차를 브리핑한다.

위와 같이 PF의 의도를 공유하면 실제로 운항 중 엔진 고장이 발생해도 원활한 절차 수행이 가능하다.

# 엔진 스타트 준비

## 유압 패널 세팅하기

승객 탑승과 화물 탑재가 끝나고 모든 문이 닫히면 엔진 스타트를 시작한다. 어떤 나라에서는 출발 게이트 앞에서 엔진을 스타트해서 역추력 장치(스러스트 리버서)를 이용해 후진하기도 하지만, 일반적으로는 전방으로 자체 주행이 가능한 유도로(택시 웨이)까지 견인 차량이 밀어내는 푸시백을 시행하면서 엔진을 스타트하는 경우가 많다.

푸시백할 때 차륜 멈춤 장치를 의미하는 블록을 제거하기 때문에 출발을 블록 아웃, 도착을 블록 인, 출발부터 도착까지의 시간을 블록 타임이라 부른다. 플라이트 타임(비행 시간)은 이륙부터 착륙까지의 시간이며, 연료 소비량을 산출하는 기준이 된다.

푸시백을 개시하려면, 비행 계획에 대해 관제 승인(ATC 클리어런스) 및 푸시백 허가를 받는 것 외에도 엔진 스타트를 위한 패널 설정을 완료해야만 한다. 이 조작 순서를 살펴보자.

먼저 중요한 것은 유압 장치로 작동하는 스티어링(조향)을 유효하게 만드는 작업이다. 이를 위해 전동 유압 펌프를 작동시킨다. 단, 지상 정비사에게 '유압 장치를 작동해도 안전한지'를 반드시 확인해야 한다. 착륙

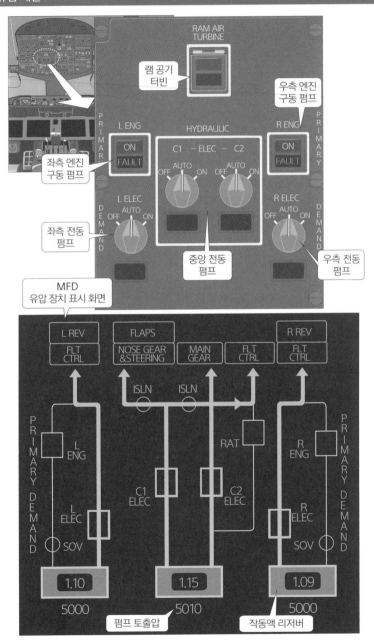

RAM AIR TURBINE

램 공기 터빈

우측 엔진 구동 펌프

L ENG     HYDRAULIC     R ENG

PRIMARY

ON
FAULT

C1 — ELEC — C2

AUTO
OFF   ON

AUTO
OFF   ON

ON
FAULT

PRIMARY

좌측 엔진 구동 펌프

L ELEC

AUTO
OFF   ON

좌측 전동 펌프

R ELEC

AUTO
OFF   ON

DEMAND

우측 전동 펌프

DEMAND

중앙 전동 펌프

MFD 유압 장치 표시 화면

L REV

FLT CTRL

FLAPS

NOSE GEAR &STEERING

MAIN GEAR

FLT CTRL

R REV

FLT CTRL

ISLN

ISLN

PRIMARY DEMAND

L ENG

L ELEC

SOV

C1 ELEC

RAT

C2 ELEC

R ENG

R ELEC

SOV

PRIMARY DEMAND

1.10

5000

1.15

5010

1.09

5000

펌프 토출압

작동액 리저버

장치와 조종 계통 주변에서 정비 작업을 하지 않으며, 견인 차량과의 접속을 완료하는 등 지상 정비사로부터 안전 확인 보고를 받고 나서 전동 유압 펌프를 작동시키는 절차를 진행해야 한다.

## 연료 패널 세팅하기

연료 탱크 안에 있는 연료 펌프를 켜서 엔진으로 연료를 보낸다. 다만 엔진 내부로 유입하는 연료를 차단하는 밸브가 닫혀 있으므로, 부하 제한이 있어서 실제로 개시되기까지 펌프는 작동하지 않는다. 그래서 60쪽 그림을 보면 펌프를 켜도 펌프의 토출압이 낮다는 의미인 'PRESS'는 점등된 채로 있다. 또한 좌익 탱크 후방 연료 펌프는 APU(보조 동력 장치)에 연료를 공급하려고 작동 중이므로 'PRESS'가 꺼져 있다.

▶ 연료 탱크 위치와 연료 중량

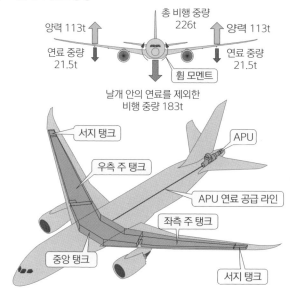

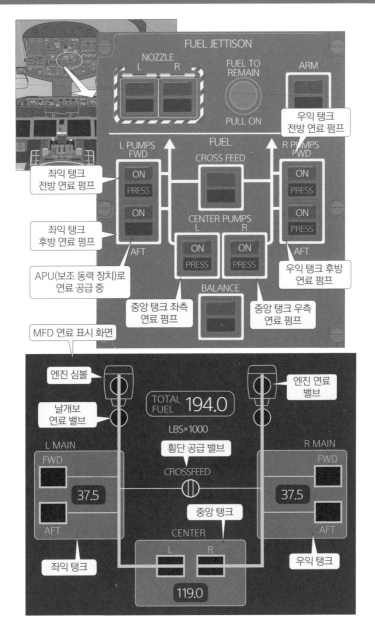

FUEL JETTISON

NOZZLE
L    R

FUEL TO
REMAIN

ARM

우익 탱크
전방 연료 펌프

L PUMPS
FWD

FUEL
CROSS FEED

R PUMPS
FWD

좌익 탱크
전방 연료 펌프

ON
PRESS
ON

ON
PRESS
ON
PRESS

PULL ON

좌익 탱크
후방 연료 펌프

CENTER PUMPS
L        R

AFT

ON
PRESS

ON
PRESS

우익 탱크 후방
연료 펌프

APU(보조 동력 장치)로
연료 공급 중

AFT

BALANCE

중앙 탱크 좌측
연료 펌프

중앙 탱크 우측
연료 펌프

MFD 연료 표시 화면

엔진 심볼

TOTAL
FUEL   194.0

엔진 연료
밸브

날개보
연료 밸브

LBS×1000

L MAIN

횡단 공급 밸브

R MAIN

FWD

CROSSFEED

FWD

37.5

37.5

AFT

중앙 탱크

AFT

CENTER
L    R

좌익 탱크

우익 탱크

119.0

중앙 탱크의 펌프는 좌우 탱크의 펌프보다 토출압이 크고, 좌우 탱크 안의 펌프가 작동 중이라도 중앙 탱크로부터 우선해 공급받는다. 그 이유는 날개 안에 있는 연료의 무게(중력)는 주 날개에 발생하는 양력으로 인해 날갯죽지에 작용하는 휨 모멘트를 경감하는 역할을 하기 때문이다.

# 엔진 스타트

비행기는 자동차처럼 스타트 버튼 하나만 눌러 엔진을 켜는 것이 아니라, 스타터를 제어하는 스위치와 연료 밸브 개폐 및 점화 플러그를 제어하는 스위치를 순서대로 조작해 엔진을 켜야 한다. 비행기에 피스톤 엔진이 있느냐, 제트 엔진이 있느냐에 따라 스타트 시간에 차이가 있다.

## 스타트 셀렉터를 돌리기

스타트 셀렉터(시동 선택 노브)를 'START'(시작) 위치를 향해 돌린다. 그러면 연료 탱크 안에 있는 날개보 연료 밸브가 열리면서 전동 스타터가 작동한다. 스타트가 완료되면 스타트 셀렉터는 자동으로 'NORM' 위치로 돌아간다.

## 연료 제어 스위치를 올리기

연료 제어 스위치를 'RUN'(작동) 위치에 둔다. 날개보 연료 밸브를 열린 상태로 유지하고, 엔진 연료 밸브를 열기 위한 준비 신호와 점화 플러그의 작동 준비 신호를 전자 엔진 제어 장치(EEC, Electronic Engine Control)로 송신한다.

지금까지의 조작으로 먼저 전동 스타터가 회전함과 동시에 기어를 통

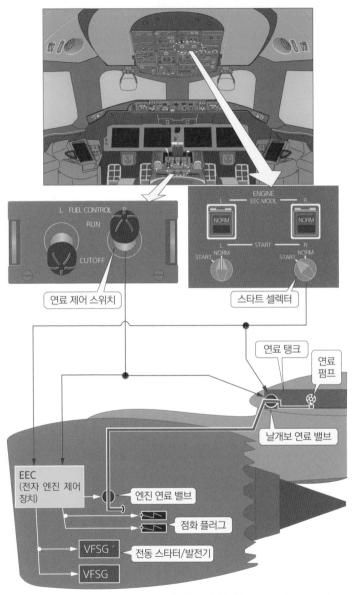

연료 제어 스위치

스타트 셀렉터

연료 탱크

연료 펌프

날개보 연료 밸브

EEC
(전자 엔진 제어
장치)

엔진 연료 밸브

점화 플러그

VFSG

전동 스타터/발전기

VFSG

* VFSG: Variable Frequency Starter/Generator

해 접속하는 고압 압축기가 회전하기 시작한다. 엔진 공기 흡입구에서는 자연적으로 공기를 빨아들이고, 이 공기가 압축기를 통과하며 압축된다. 그 다음 압축된 공기가 연소실에 들어가 터빈을 돌리는 역할을 하면서 배기구로부터 분출된다.

제트 엔진은 이 단계에서 피스톤 엔진처럼 공기와 연료가 섞인 혼합 기체를 압축하지 않고 공기만 압축한다. 그 이유는 제트 엔진의 연료인 케로신(등유)의 효율적인 공연비(공기와 연료의 질량비)인 14~18:1(최적은 15:1)이 되게 하려면 충분한 압축 공기가 필요하기 때문이다. 엔진에 따라 다르긴 하지만, 고압 압축기의 회전속도는 1,500~2,000rpm으로 꽤나 빠르다.

고압 압축기가 스타터의 도움을 받아 효율적인 공연비를 얻을 수 있는 회전속도에 도달하고 나면 EEC는 먼저 점화 플러그를 작동시킨다. 그 다음 엔진 연료 밸브를 열어서 연소실 안으로 연료를 분사한다. 가스레인지를 켤 때 점화용 스위치로 불꽃을 튀게 한 다음 가스를 내보내서 불을 붙이는 것과 같은 원리다. 점화에 성공한 사실은 지상 정비사가 확인하지만, 조종석에서도 EGT(배기가스 온도)계가 급상승하는 모습을 보면서 확인할 수 있다.

EEC가 서서히 연료 유량을 늘려서 자력으로 가속할 수 있는 회전속도(이륙 추력의 약 50%)에 이르면, 스타터를 엔진에서 분리함과 동시에 점화 플러그도 정지한다. 그리고 엔진 자체 힘으로 가속해서 아이들링 회전에 도달한 후 안정되면 엔진 스타트가 완료된다. 피스톤 엔진의 스타트는 불과 몇 초 만에 아이들링 회전에 도달하지만, 제트 엔진의 스타트는 30초 이상이 걸린다.

## 보잉 787이 채택한 'VFSG'란?

보잉 787의 전동 스타터는 다른 많은 비행기에서 사용하는 뉴매틱 스타터(공기압 시동기)가 아니다. 전동 스타터에 발전기 기능까지 갖춘 VFSG(Variable Frequency Starter Generator)라 부르는 장치를 채택해 사용한다.

VFSG는 가변 주파수를 이용한 스타터 발전기이다. 반도체 기술로 주파수를 제어할 수 있다는 특징이 있기 때문에 정속 구동 장치를 통하지

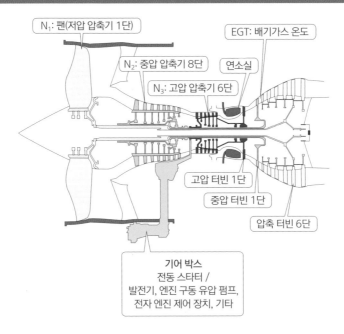

**제트 엔진 각 부위 명칭 (Trent 1000A)**

- N₁: 팬(저압 압축기 1단)
- EGT: 배기가스 온도
- N₂: 중압 압축기 8단
- 연소실
- N₃: 고압 압축기 6단
- 고압 터빈 1단
- 중압 터빈 1단
- 압축 터빈 6단
- **기어 박스**
  전동 스타터 /
  발전기, 엔진 구동 유압 펌프,
  전자 엔진 제어 장치, 기타

않고도 발전기를 엔진과 직결해서, 엔진 정지 시에 전기를 흘린다. 이 전기로 전동 모터와 엔진의 힘을 만들어 회전시키면 다시 발전기가 된다는 점을 이용할 수 있는 장치다. 이 발전기와 엔진의 관계는 전기 신호를 소리로 변환하는 스피커를 마이크로, 반대로 소리를 전기 신호로 변환하는 마이크를 스피커로 사용할 수 있는 것과 비슷하다.

이런 스타터로 회전시키는 압축기에 관해 알아보자. 보잉 787에 탑재된 엔진인 Trent 1000A의 압축기는 저압 압축기($N_1$), 중압 압축기($N_2$), 고압 압축기($N_3$)라는 세 축을 갖춘 축류식 압축기이다. 6단 고압 압축기($N_3$)는 1단의 고압 터빈으로, 8단 중압 압축기($N_2$)는 1단의 중압 터빈으로 회전한다. 그리고 1단 저압 압축기($N_1$), 즉 팬은 6단 저압 터빈으로 회전한다. 세 축의 압축기는 기계적으로 결합된 것이 아니라, 각각 독립적으로 회전한다.

제트 엔진은 압축기에서 빨아들인 공기의 운동 에너지를 압력 에너지로 변환해 압력을 약 50배로 크게 올리고 온도를 약 700℃까지 높인 공기에 연료를 더해 연소시키는 방법으로 에너지를 더 크게 만들어 추력을 발생시킨다.

## 엔진 주 계기 네 가지는?

다음으로, 엔진 주 계기에는 어떤 것이 있는지 조사해 보자.

- TPR(Turbofan Power Ratio)
  엔진 추력을 보여주는 파라미터(관계를 간접적으로 표시하는 보조 변수)

다. 추력을 직접 측정할 수 없으므로, 직선적으로 비례하는 파라미터를 사용한다. 엔진 데이터 및 에어 데이터에서 산출한 것으로 따로 단위는 없다.

엔진 데이터에는 유입 공기의 압력과 온도, 압축기 출구 압력, 배기가스 온도 등이 포함된다. 에어 데이터는 ADRS(38쪽 참고)가 산출한 기압 고도와 마하수 등의 데이터를 말한다.

• $N_1, N_2, N_3$

회전속도 단위는 분당 회전수 rpm이 아니라, 기준이 되는 회전속도에 대한 비율(%)이다. 이 엔진의 100% 회전속도는 $N_1$: 2683rpm, $N_2$: 8937rpm, $N_3$: 13391rpm이므로, 예컨대 '51.9% $N_3$'라고 하면 13391 × 0.519 = 6949.9rpm이 된다.

이렇게 계산하는 이유는 계기 지시값이 '6949.9'인 것보다 '51.9'인 편이 파일럿이 엔진 상황을 확인하거나 추력 설정을 조작하는 데 수월하기 때문이다. 기준이 되는 100%는 제한치가 아니다. 비율이 100%를 넘을 때도 있다.

• EGT(Exhaust Gas Temperature)

연소실을 나온 최초의 고온 가스를 맞는 고압 터빈 직전의 온도를 측정하면 좋겠지만, 현실적으로 1,600℃ 이상을 측정할 수 있는 온도 센서의 재질과 비용 문제로 중압 터빈과 저압 터빈 사이의 온도를 대신 측정한다.

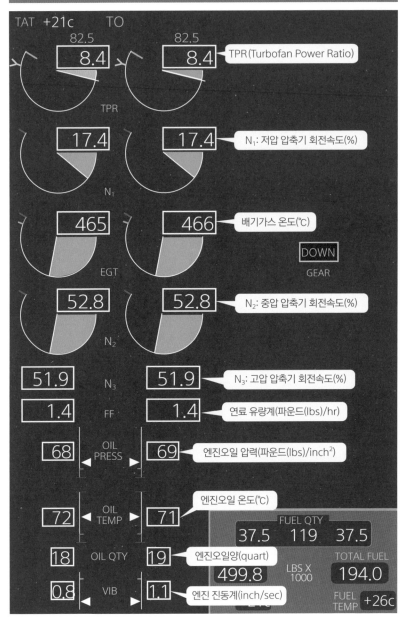

TAT +21c   TO

82.5
8.4   TPR(Turbofan Power Ratio)

82.5
8.4

TPR

17.4   N₁: 저압 압축기 회전속도(%)

17.4

N₁

465   배기가스 온도(℃)

466

DOWN

EGT   GEAR

52.8   N₂: 중압 압축기 회전속도(%)

52.8

N₂

51.9   N₃   51.9   N₃: 고압 압축기 회전속도(%)

1.4   FF   1.4   연료 유량계(파운드(lbs)/hr)

68   OIL PRESS   69   엔진오일 압력(파운드(lbs)/inch²)

엔진오일 온도(℃)

72   OIL TEMP   71

FUEL QTY
37.5   119   37.5

18   OIL QTY   19   엔진오일양(quart)

499.8   LBS X 1000   TOTAL FUEL
194.0

0.8   VIB   1.1   엔진 진동계(inch/sec)

FUEL TEMP   +26c

• 연료 유량계

시간당 흐르는 연료의 중량.(파운드(lbs)/hr 또는 kg/hr) 질량 유량계를
선택하는 이유는 비행기 중량을 산출하기 위해서다.

지금까지 살펴본 엔진 주 계기에 더해 엔진오일, 엔진 진동에 관한 계
기류가 있다.

# 파일럿과 지상 정비사의 커뮤니케이션

푸시백 및 엔진 스타트 과정에서는 파일럿과 지상 정비사가 명료하고 간결한 커뮤니케이션을 실천한다. 파일럿(P)과 지상 정비사(M)의 커뮤니케이션 사례를 살펴보자.

P: 그라운드, 콕핏, 푸시백 바랍니다. 노즈는 사우스.(기수는 남쪽)

M: 콕핏, 그라운드, 노즈, 사우스, OK. 릴리즈, 파킹 브레이크.

P: OK, 파킹 브레이크 릴리즈.

M: 푸시백 개시.

P: 스타트, 라이트 엔진.

M: 라이트 엔진, 스타트, OK.

P: 스타트, 레프트 엔진.

M: 레프트 엔진, 스타트, OK.

P: 엔진 스타트, 노멀.

M: 엔진 스타트, 노멀, OK. 푸시백 완료. 세트 파킹 브레이크.

P: OK, 파킹 브레이크 세트. 디스커넥트 올 그라운드 이큅먼트.(지상 설비 모두 제거해 주세요.)

M: OK. 잘 다녀오십시오.

조종석에서 확인할 수 있는 위치까지 이동해 인터폰의 기어핀 및 헤드셋을 들어 올린다.

위와 같이 조종석에서 지상으로 보내는 콜사인은 '그라운드', 지상에서 조종석으로 보내는 콜사인은 '콕핏'이며, 서로 복창하며 확인하는 것이 중요하다.

제3장

# 하늘을 향해 이륙하다
## TAKE OFF

# 지상 주행

엔진 스타트 후, ATC로부터 허가를 받으면 활주로를 향해 택시(지상 주행)를 개시한다. 지상에서 아이들 추력은 엔진당 약 1t이므로, 이륙 중량이 가벼우면 출력을 높이지 않고 파킹 브레이크를 해제하기만 해도 택시

▶ 최대 이륙 중량으로 이륙 개시를 위한 출력(1.5t/엔진)

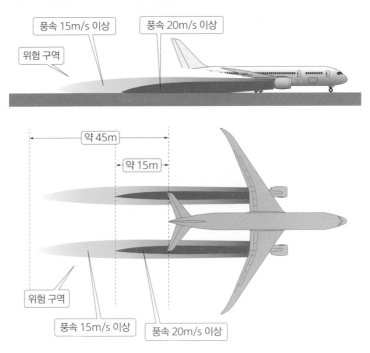

를 개시할 수 있다. 하지만 이륙 중량이 무거워지면 아이들 추력으로 전진하기 어려워져서 더 큰 추력이 필요하다. 엔진 배기에 의한 블러스트(돌풍)는 비행기 후방 약 45m 이상에 도달하므로 주의해야 한다.

## APU 셀렉터 OFF에 두기

엔진 스타트 직전까지 전력을 공급하던 APU를 정지하기 위해 APU 셀

▶ 전력 제어 패널의 모습

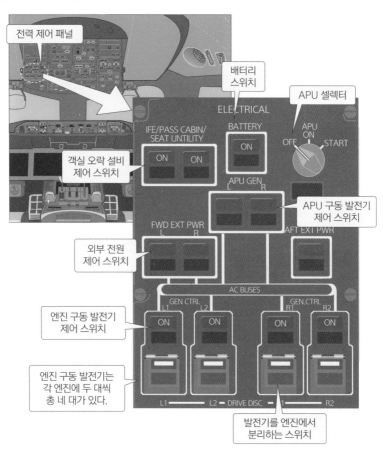

렉터를 OFF 위치에 둔다. 단, OFF로 해도 바로 정지하는 것은 아니다. APU가 충분히 냉각된 후에 정지한다.

엔진 스타트가 끝나면 전력 공급은 APU 구동 발전기에서 엔진 구동 발전기로 자동 변환되며, 공조 시스템을 포함한 모든 시스템이 작동한다.

## 플랩 레버를 조작해 플랩을 이륙 위치에 두기

플랩 레버를 조작해서 플랩을 이륙 위치에 세팅한다. 플랩은 주 날개 앞 뒤에 설치된 내림 날개이며, 저속에서도 실속하지 않고 안정적인 양력을 얻을 수 있게 해주는 고양력 장치다.

전연 플랩에는 슬랫(좌우 합계 12개)과 크루거플랩(좌우 합계 2개)이 있

➤ 플랩 레버 조작 예시

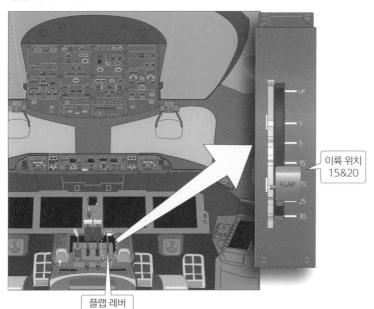

이륙 위치
15&20

플랩 레버

에일러론

연료 방출 노즐

스포일러

주 날개

외측 플랩

플래퍼론

내측 플랩

빈틈

힌지 커버

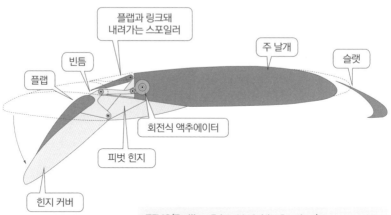

플랩과 링크돼 내려가는 스포일러

주 날개

슬랫

빈틈

플랩

회전식 액추에이터

피벗 힌지

힌지 커버

## TEVC(Trailing Edge Variable Camber)

비행 상황에 맞춰서 후연 플랩을 약간 작동시켜서 양력 분포를 최적화하고, 유도 항력* 저감을 도모하는 장치. 후연 가변 캠퍼라고도 한다.

* 유도 항력: 날개 끝에서 유출되는 소용돌이 때문에 발생하며, 양력계수 제곱에 비례하는 항력.

다. 크루거플랩은 엔진이 장착된 곳에 설치돼 있으며, 슬랫 사이의 덮개 역할을 한다. 모두 후연 플랩과 연동해서 작동한다.

후연 플랩은 단순한 회전식 액추에이터로 작동한다. 그래서 순항 중에 플랩을 미세하게 작동시켜서 양력 분포를 최적화해 유도 항력을 저감하는 장치인 후연 가변 캠버(TEVC, Trailing Edge Variable Camber)를 갖추고 있다. 유도 항력은 날개 끝에서 유출되는 소용돌이로 인해 발생하고, 양력의 제곱에 비례한다.

여기서 플랩의 역할을 확인해 두고 싶다. 먼저 양력을 변하게 하는 요인을 알아보자.

## 양력은 '양력계수' × '동압' × '날개 면적'으로 정해진다

양력은 '정지한 공기를 운동시키는 것에 대한 반작용'이라 생각할 수 있다. 여기서 운동이란 정지했던 공기가 앞으로 나아가는 공기에 의해 움직이는 것을 말한다. 공기는 날개 전연에서 불어 올라와서 날개 위의 휘어진 면을 따르는 곡선을 그리다가 후연에서는 내려간다. 큰 곡선을 그리며 내려가는 각도가 클수록 운동량이 증가하므로, 공기가 날개에 가하는 반작용이 커진다. 즉 날개 후방으로 내려가는 각도는 양력에 비례한다.

다음으로 양력의 크기를 나타내는 식을 생각해 보자. 고속으로 공중을 이동하는 날개에는 동압이 작용한다. 동압은 공기의 운동에너지에 의한 압력이며, 단위 면적당 작용하는 힘이다. 그러므로 날개 전체에 작용하는 힘은 (동압)×(날개 면적)이 된다. 단, 같은 날개라도 캠버(날개 윗면의 휘어짐 정도)와 영각 변화에 따라 불어 내려가는 각도가 다르므로, 작용하는

## 플랩의 움직임과 양력

$$(동압) = \frac{1}{2} \times (공기\ 밀도) \times (비행\ 속도)^2$$

$$(양력) = (양력계수) \times (동압) \times (날개\ 면적)$$

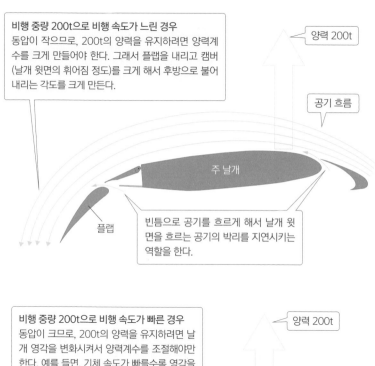

**비행 중량 200t으로 비행 속도가 느린 경우**
동압이 작으므로, 200t의 양력을 유지하려면 양력계수를 크게 만들어야 한다. 그래서 플랩을 내리고 캠버(날개 윗면의 휘어짐 정도)를 크게 해서 후방으로 불어 내리는 각도를 크게 만든다.

양력 200t

공기 흐름

주 날개

빈틈으로 공기를 흐르게 해서 날개 윗면을 흐르는 공기의 박리를 지연시키는 역할을 한다.

플랩

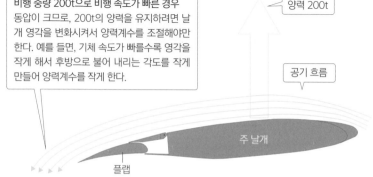

**비행 중량 200t으로 비행 속도가 빠른 경우**
동압이 크므로, 200t의 양력을 유지하려면 날개 영각을 변화시켜서 양력계수를 조절해야만 한다. 예를 들면, 기체 속도가 빠를수록 영각을 작게 해서 후방으로 불어 내리는 각도를 작게 만들어 양력계수를 작게 한다.

양력 200t

공기 흐름

주 날개

플랩

힘의 크기가 달라진다. 그래서 등장한 것이 그런 변화에 대응하기 위한 계수, 양력계수다. 지금까지의 내용을 정리하면, 양력은 아래처럼 계산할 수 있다.

(양력) = (양력계수) × (동압) × (날개 면적)

비행기 날개는 순항 시에 최대 성능을 발휘하도록 설계하므로, 비행 속도가 느린 이륙 시에는 궁리가 필요하다. 캠버를 크게 하는 플랩이 있지만, 더욱더 기수를 올리는 자세(15° 전후)를 취하면 양력계수를 크게 해서(1.2~1.5) 비행기를 지탱한다.

동압이 세 배 이상인 순항 중에는 비행 속도와 비행 중량 변화에 맞춰 비행 자세를 아주 조금 변화시키는 방법으로 양력계수를 조정(0.3~0.4)해서 비행기를 지탱한다.

## 조종 계통 체크하기

플랩이 이륙 위치에 있는 것을 확인하고 조종 계통 체크를 시행한다. 먼저 조종휠을 천천히 왼쪽 끝까지 돌린다. 오른쪽 날개의 에일러론과 플래퍼론이 최대한 내려가고, 왼쪽 날개의 에일러론과 플래퍼론이 최대한 올라가면서 스포일러가 올라간다. 같은 식으로 조종휠을 오른쪽으로 돌려서 체크한다. 더 나아가 조종간을 전후로 움직여서 엘리베이터의 움직임을, 마지막으로는 좌우 러더 페달을 차례로 밟아서 러더의 움직임을 체크한다.

플랩 세팅 후에 시행하는 이유는 날개 끝에 있는 에일러론이 플랩

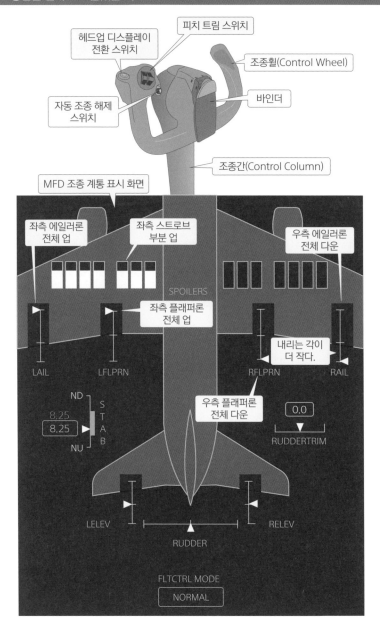

을 내리지 않으면 작동하지 않기 때문이다. 두께가 얇은 날개 끝에 설치된 에일러론을 고속 비행 중에 작동시키면, 공기의 힘으로 날개 끝 부근에 비틀림 현상이 발생한다. 이런 비틀림으로 영각이 변하고, 에일러론의 효과가 나빠지고 선회하는 방향과는 반대로 기울어져 버리는 에일러론 역효(Aileron Reversal. 보조 날개 역효과)라 부르는 현상이 발생한다. 그래서 날개 끝의 에일러론은 플랩을 내려서 저속 비행할 때 작동하게 되어 있다.

선회하는 쪽의 주 날개에 스포일러가 올라가는 것은 역 빗놀이(Adverse Yaw)라 부르는 현상을 방지하는 역할을 하기 때문이다. 에일러론을 내린 쪽 주 날개는 양력이 증가함과 동시에 양력의 제곱에 비례하는 유도 항력도 증가한다. 그 결과, 선회하는 방향과 반대로 기수가 향하게 되는 역 빗놀이 현상이 발생할 우려가 있다. 그래서 에일러론 올림 각보다 내림 각이 작아지도록 선회하는 쪽의 스포일러를 올리는 것이다. 단, 스포일러는 최대로 일어날 수 있는 각도가 아니라 효율적으로 선회할 수 있도록 설정한 각도만큼 일어난다.

# 이륙

## 스트로브 라이트 점등

ATC로부터 "RUNWAY 34, LINE UP AND WAIT."(활주로 34에 들어가서 대기하세요.)라고 지시를 받으면, 강한 섬광을 발하는 스트로브 라이트를 점등해서 활주로에 진입한다. 활주로에 진입한 후, 비행기의 자침 방위(헤딩)가 지시받은 활주로 자침 방위와 일치하는지를 확인한다.

## 랜딩 라이트 점등

"WIND 330 AT 10, RUNWAY 34, CLEARED FOR TAKE OFF."(바람 330도 10노트, 활주로 34로부터의 이륙을 허가.)라고 이륙 허가가 떨어지면 낮이든 밤이든 관계없이 랜딩 라이트를 켠다. 새와 충돌 가능성을 줄이고 다른 비행기에서 눈으로 식별하기 쉽게 하는 것이 주목적이기 때문이다.

## TO/GA 스위치 작동하기

스러스트 레버를 약 20TPR(66쪽 참고)이 될 때까지 민다. 좌우 엔진이 안정된 것을 확인하고 스러스트 레버를 쥔 채로 TO/GA 스위치를 눌러서 오토스로틀(자동 추력 장치)을 작동시킨다. TO/GA는 '테이크오프/고 어라운드'를 의미하며, 이륙 추력과 착륙을 중단하고 상승 태세로 옮겨갈

➤ 비행기의 조명 장치의 위치와 제어 패널

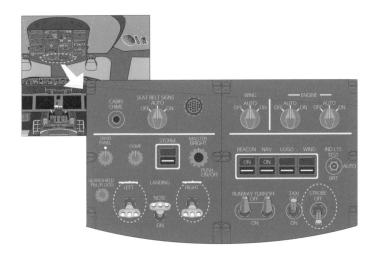

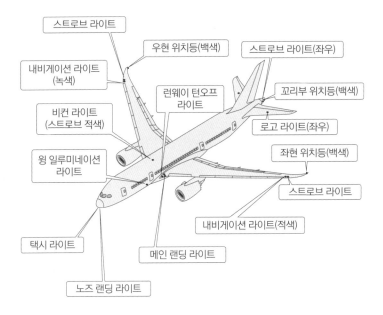

➤ 추력을 내기 위한 스위치와 레버

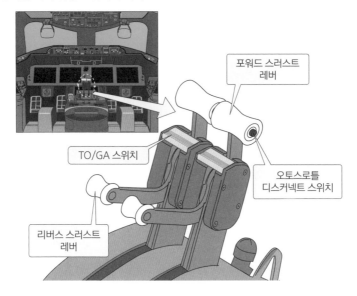

포워드 스러스트
레버

TO/GA 스위치

오토스로틀
디스커넥트 스위치

리버스 스러스트
레버

때 사용하는 최대 추력을 내며, 두 추력은 크기가 같다.

## 80노트 체크하기

TO/GA 스위치를 누르면 스러스트 레버는 자동으로 움직이고, 이륙 추력에 도달하면 멈춘다. 단, 파일럿은 이륙 중단(RTO. Rejected Take Off)에 대비해서 이륙 속도 $V_1$까지는 스러스트 레버에 손을 대고 있어야 한다.

가속을 개시해서 대기속도계가 80노트(약 150km/h)에 도달한 단계에서 PM은 "80노트"라고 콜한다. PF는 "체크"라고 응답하고, 이륙 추력의 세팅과 오토스로틀의 'HOLD'(홀드) 모드를 확인한다.

HOLD 모드는 80노트에 도달하면 스러스트 레버가 오토스로틀에서 분리되고, 그 위치에서 프리 상태가 되는 것을 의미한다. 이륙 중 오토스

## 엔진 내 연료의 흐름

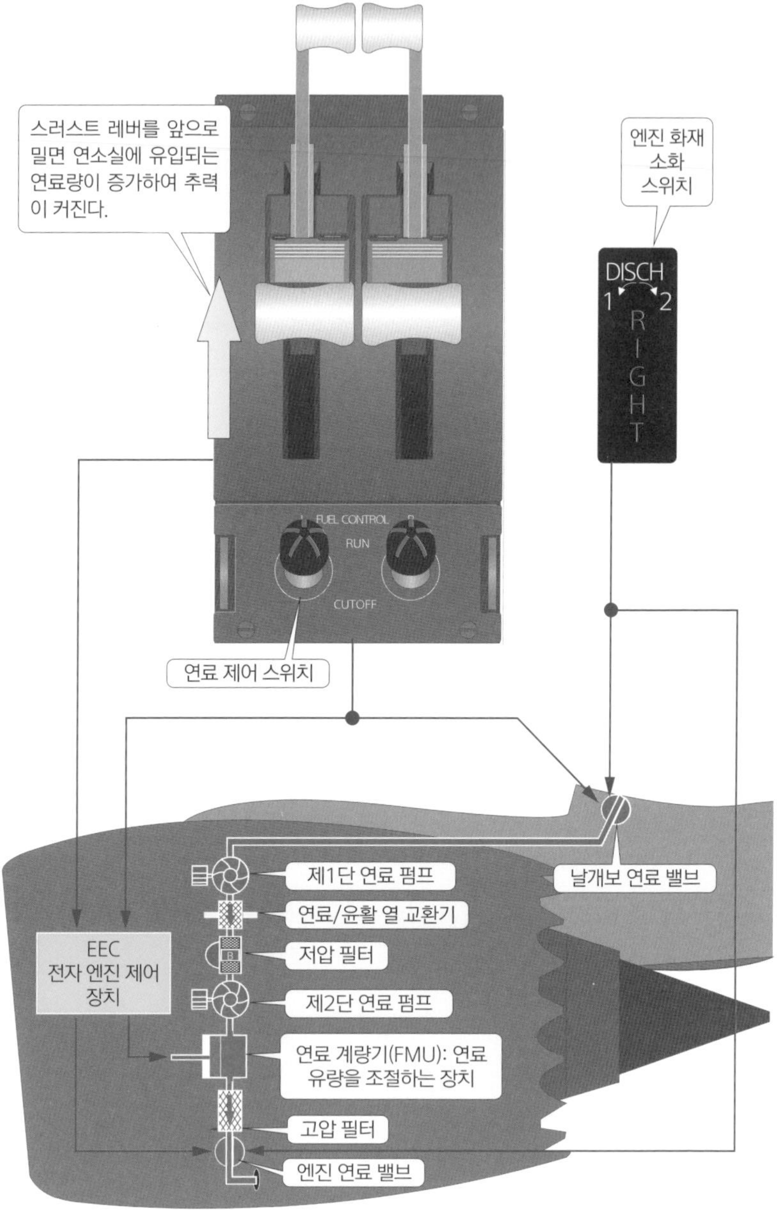

스러스트 레버를 앞으로 밀면 연소실에 유입되는 연료량이 증가하여 추력이 커진다.
엔진 화재 소화 스위치
DISCH
1
2
RIGHT
FUEL CONTROL
RUN
CUTOFF
연료 제어 스위치
제1단 연료 펌프
날개보 연료 밸브
연료/윤활 열 교환기
저압 필터
EEC 전자 엔진 제어 장치
제2단 연료 펌프
연료 계량기(FMU): 연료 유량을 조절하는 장치
고압 필터
엔진 연료 밸브

➤ 에어버스 A380의 엔진 제어 패널

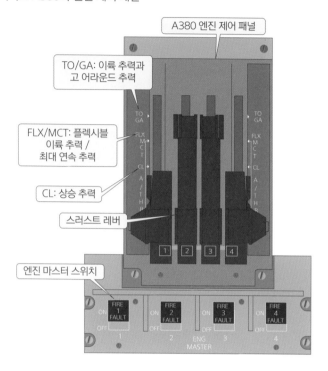

A380 엔진 제어 패널

TO/GA: 이륙 추력과
고 어라운드 추력

FLX/MCT: 플렉시블
이륙 추력 /
최대 연속 추력

CL: 상승 추력

스러스트 레버

엔진 마스터 스위치

로틀 시스템에 고장이 나도 이륙 추력에 영향을 주지 않기 위해서다.

　또한 안전고도(400ft/1200m)에 도달할 때까지 이륙 형태(이륙 추력, 플랩 이륙 위치)를 변화시키면 안 된다는 규정이 있어, 해당 고도 미만에서 스러스트 레버를 움직이지 않기 위해서이기도 하다. 400ft 이상이 되면 HOLD 모드는 해제되고, 스러스트 레버는 다시 오토스로틀이 조종한다.
　보잉 비행기는 오토스로틀에 의한 자동 엔진 제어에서 스러스트 레버를 움직여서 엔진 예기와 함께 추력의 변화를 파일럿에게 알려준다. 에어버스 비행기는 오토스러스트라 부르며 스러스트 레버를 자동으로 작동시키지 않고, 파일럿이 수동으로 각각 이륙, 최대 연속, 상승 위치에 세팅해서 각 추력을 설정한다.

이륙 추력을 설정하는 파라미터인 TPR(Turbofan Power Ratio)은 기온, 기압, 비행 속도가 결정한다. 이착륙 시에는 엔진 출력표 매뉴얼에 기재하는 것과 이착륙 중량 산출 등 운항 효율 관점에서 설정 속도를 고정한다. 이륙 추력은 60노트(약 110km/h) 전후, 고 어라운드 추력은 착륙 진입 중 속도를 상정해서 160노트(약 300km/h) 전후다. 설정 속도 이상으로 추력을 세팅하면 엔진 내부 온도와 압력 등의 제한을 넘을 우려가 있으므로, 50노트 이상이 되면 TO/GA를 눌러도 오토스로틀이 작동하지 않는다.

## 'V₁' 소리가 들릴 때

80노트를 지나 $V_1$에 도달하면 PM의 콜 또는 자동 발성 장치로 "브이원"이라는 소리가 조종실 내에 울린다. 그 소리를 들은 기장은 스러스트 레버에서 손을 뗀다.

이륙 중단(RTO, Rejected Take Off)는 큰 위험을 동반하므로, 이륙 중단 결정 및 그 조작은 기장이 시행한다. 그러므로 비행을 담당하는 파일럿인 PF가 부기장일 때, 부기장이 조종간을 쥐고 있어도 $V_1$까지는 기장이 스러스트 레버에 손을 대고 있다.

## '로테이트'라고 콜하기

$V_1$을 지나 이륙 속도 $V_R$에 도달하면 PM은 "로테이트"라고 콜한다. PF는 비행기를 리프트오프(부양)하기 위해 끌어올리는 조작을 개시한다.

터빈에는 고온고압 가스에 의한 열응력과 고속 회전에 의한 운동의 응력이 작용하므로, 연소 가스 온도와 압력은 정비 비용에 큰 영향을 준다. 가스 온도와 압력은 엔진이 빨아들이는 공기의 온도, 기압, 비행 속도에 의해 더 크게 변화한다. 아래 그래프는 비행 속도를 고정한 경우의 내부 온도, 내부 압력, 회전속도 등의 관계를 보여준다.

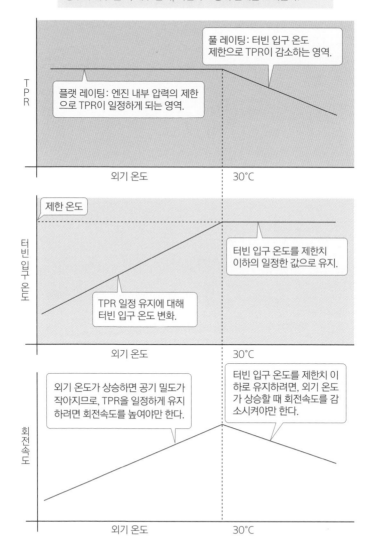

풀 레이팅: 터빈 입구 온도 제한으로 TPR이 감소하는 영역.

플랫 레이팅: 엔진 내부 압력의 제한으로 TPR이 일정하게 되는 영역.

TPR

외기 온도  30℃

제한 온도

터빈 입구 온도를 제한치 이하의 일정한 값으로 유지.

TPR 일정 유지에 대해 터빈 입구 온도 변화.

터빈 입구 온도

외기 온도  30℃

외기 온도가 상승하면 공기 밀도가 작아지므로, TPR을 일정하게 유지하려면 회전속도를 높여야만 한다.

터빈 입구 온도를 제한치 이하로 유지하려면, 외기 온도가 상승할 때 회전속도를 감소시켜야만 한다.

회전속도

외기 온도  30℃

끌어올리는 조작은 엘리베이터(승강키)를 움직여 수평꼬리날개에 아래로 향하는 힘을 발생시켜서 주 바퀴를 중심으로 기수 들림 자세를 취하는 것이다. 자연 부양할 수 있는 속도까지 기다리지 않고 기수 들림 자세, 즉 주 날개 영각을 크게 해 비행기를 지탱하는 양력을 발생시켜서 이륙에 필요한 거리를 짧게 하는 것이 목적이다.

## '포지티브' 콜에 '기어 업'이라 지시

승강계의 승강 지시를 확인한 PM이 "포지티브" 콜을 하면 PF는 "기어 업"이라고 착륙 장치 격납을 지시한다.

그리고 대기속도계가 $V_2$ 이상을 가리키는 것을 확인한다. $V_2$는 실속에 대해 여유가 있는 속도이며, 엔진 고장 상태로 이륙을 계속한다면 활주로 위 10.7m(35ft) 높이를 통과하는 시점에 도달해야 하는 속도다.

'가속을 개시해 $V_R$에서 끌어올리는 조작을 시행하고, 리프트오프까지 필요한 거리'가 이륙 거리는 아니다. 가속 개시부터 활주로 위 10.7m(35ft)까지 도달할 때까지 수평 거리가 이륙 거리다. 이륙 거리는 끌어올린 시기에 따른 거리 증가와 엔진 고장에 따른 추력 감소를 고려한다.

실제 운항에서는 가속을 개시했더라도 어떤 이유로 인해 이륙을 단념하고 완전히 정지할 때까지의 거리인 가속 정지 거리도 생각해야 한다.

그래서 등장한 것이 필요한 이륙 활주로 길이다. 필요한 이륙 활주로 길이는 이륙 거리 또는 가속 정지 거리 중에서 긴 쪽이며, 90쪽 아래 그림처럼 가속 계속 거리와 가속 정지 거리의 교점인 속도 $V_1$으로 선정하면 가장 짧은 거리가 됨을 알 수 있다.

리프트오프해서 10.7m 높이에 도달한 시점에서 이륙 완료인 것은 아

## 이륙 속도 $V_1 \cdot V_R \cdot V_2$

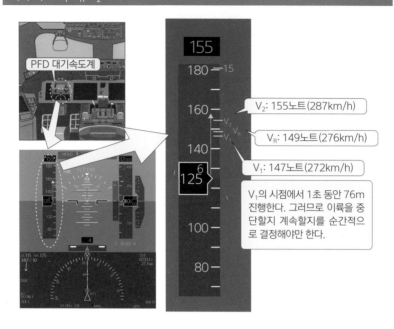

PFD 대기속도계

$V_2$: 155노트(287km/h)

$V_R$: 149노트(276km/h)

$V_1$: 147노트(272km/h)

$V_1$의 시점에서 1초 동안 76m 진행한다. 그러므로 이륙을 중단할지 계속할지를 순간적으로 결정해야만 한다.

· $V_1$
가속 정지 거리 범위 안에서 항공기를 정지하기 위해 이륙 중에 조종사가 첫 조작(예: 브레이크 사용, 추력 감소, 스피드 브레이크 전개)을 취해야 하는 속도이다. $V_1$은 $V_{EF}$에서 임계 발동기*가 고장이 난 후에 조종사가 이륙을 계속해서 이륙 거리 범위 안에서 이륙면 위에서 필요한 높이에 도달할 수 있는 이륙 중 최소 속도를 의미한다.

· $V_R$
로테이션 속도를 의미한다.

· $V_2$
안전 이륙 속도를 의미한다.

· $V_{EF}$
임계 발동기의 이륙 중 고장을 가정한 속도를 의미한다.

* 임계 발동기
어떤 임의의 비행 형태에 관해 고장이 난 경우, 비행 성능에 가장 나쁜 영향을 주는 하나 이상의 발동기를 의미한다.

니다. 이륙 형태(착륙 장치와 플랩 내림)에서 순항 형태(착륙 장치와 플랩 올림)로 해서 450m(1500ft)까지 상승한 시점에서 이륙 완료를 한다.

이륙 형태에서 순항 형태로 바꾸려면, 이륙 추력의 제한시간 내(5분 또는 10분)에서 이행할 필요가 있지만, 엔진 고장 상태로 이륙을 완수해야만 하는 이유는 이륙하더라도 착륙하지 못할 수가 있기 때문이다. 예를 들면, 짙은 안개가 발생하면 이륙은 가능한 기상 조건이라도 공항의 착륙 원조 시설의 상황에 따라 착륙은 할 수 없는 기상 조건이 될 수 있다. 다른 공항까지 비행하려면 공기 저항이 적은 순항 형태여야만 한다.

또한 통상적인 운항의 비행 계획에서 엔진 고장을 상정한 요구 기울

> 가속 계속 거리와 가속 정지 거리의 교점

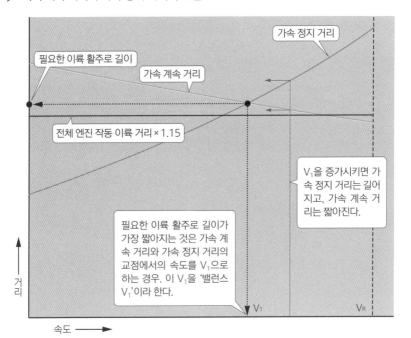

## 이륙 거리와 필요한 이륙 활주로 길이

**실제로 이륙하려는 활주로 길이 ≥ 필요한 이륙 활주로 길이**

| 이륙 거리 | 필요한 이륙 활주로 길이 |
|---|---|
| 아래에서 긴 거리<br>· 전체 엔진 작동 이륙 거리 × 1.15<br>· 가속 계속 거리 | 아래에서 긴 거리<br>· 이륙 거리<br>　(전체 엔진 작동 이륙 거리 × 1.15/<br>　가속 계속 거리)<br>· 가속 정지 거리 |

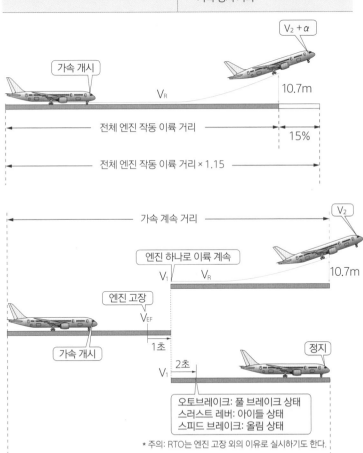

기(제2단계가 엄격하다.)를 충족할 수 없으므로, 이륙 중량을 제한(Climb Limit)하기도 한다.

## 시대와 함께 의미가 달라진 V₁

여기서 $V_1$의 역사를 돌아보자. 4발기가 주류이던 시절의 $V_1$은 '임계점 속도'라 부르며, '이륙 중에 엔진이 갑자기 정지했다고 가정하는 속도'였다. 4발기라면 엔진 하나가 고장이 나도 25%의 추력이 줄어들 뿐이므로, 가

➤ 통상적인 비행 계획에서 상정한 요구 기울기

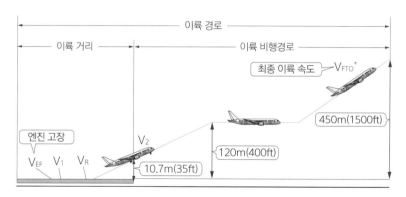

| | | 제1단계 | 제2단계 | 제3단계 | 제4단계 |
|---|---|---|---|---|---|
| 착륙 장치 | | 내림 | 올림 | 올림 | 올림 |
| 플랩 | | 이륙 위치 | 이륙 위치 | 이륙 위치 → 올림 | 올림 |
| 추력 | | 이륙 추력 | 이륙 추력 | 이륙 추력 | 최대 연속 추력 |
| 요구 기울기 | 쌍발기 | 양(+) | 2.4% | 양(+) | 1.2% |
| | 3발기 | 0.3% | 2.7% | 양(+) | 1.5% |
| | 4발기 | 0.5% | 3.0% | 양(+) | 1.7% |

* V_FTO(Final Take Off Speed): 순항 상태로 실속에 여유가 있는 속도

속 계속 거리와 정지 거리에 큰 영향이 없다. 그래서 전체 엔진 작동 이륙 거리×1.15가 가장 길며, $V_1$ 선택에는 폭이 있게 된다.(아래 그림)

와이드바디인 쌍발기가 개발되자 추력 50% 감소 상황에서 $V_1$ 결정이 까다로워져서 $V_{EF}$가 등장함과 동시에 '이륙 결정 속도'로 의미가 변했다. 엔진이 고장 나도 $V_1$에 도달하기까지 시간적 여유(1초)가 생긴 것이다. 1998년 이후에는 $V_1$의 정식 명칭이 없어지고, 이륙을 중단하는 조작을 개시하는 최대 속도라는 것을 강조하고 있다.

➤ 4발기의 $V_1$ 선택

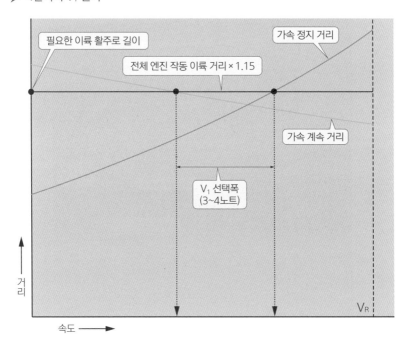

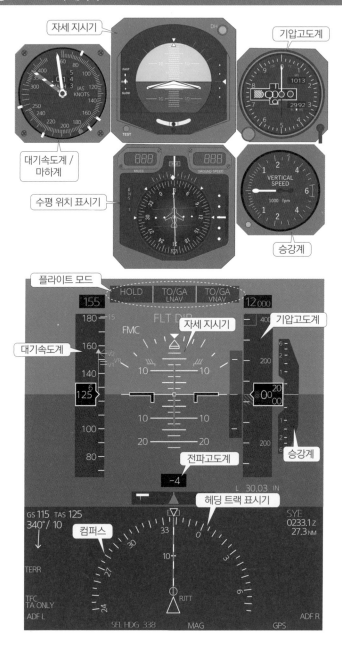

이륙할 때 PFD 중앙 상부에 있는 플라이트 모드 표시

· 오토스로틀 모드 (추력 제어)
· 롤 모드 (LNAV: 수평 항법*)
· 피치 모드 (VNAV: 수직 항법)
이 세 가지를 속도와 고도에 따라 전환한다.

*항법: 두 지점을 안전하고 확실하게 효율적으로 항행하는 데 필요한 방법과 기술

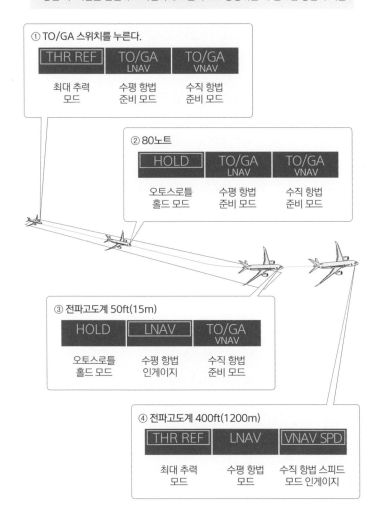

① TO/GA 스위치를 누른다.

| THR REF | TO/GA LNAV | TO/GA VNAV |
|---|---|---|
| 최대 추력 모드 | 수평 항법 준비 모드 | 수직 항법 준비 모드 |

② 80노트

| HOLD | TO/GA LNAV | TO/GA VNAV |
|---|---|---|
| 오토스로틀 홀드 모드 | 수평 항법 준비 모드 | 수직 항법 준비 모드 |

③ 전파고도계 50ft(15m)

| HOLD | LNAV | TO/GA VNAV |
|---|---|---|
| 오토스로틀 홀드 모드 | 수평 항법 인게이지 | 수직 항법 준비 모드 |

④ 전파고도계 400ft(1200m)

| THR REF | LNAV | VNAV SPD |
|---|---|---|
| 최대 추력 모드 | 수평 항법 모드 | 수직 항법 스피드 모드 인게이지 |

# 콜아웃

파일럿은 비행기가 움직이는 동안 자세, 위치, 상황을 확인하고 다른 운항 승무원들과 공유해야 한다. 공유 확인에 효과적인 것이 콜아웃이다. 콜아웃은 철도기관에서 실시하는 '손가락으로 가리키며 소리 내서 말하기'와 비슷하다. 계기의 수치를 콜아웃하면 인지의 정확도가 높아진다고 알려져 있다.

다만 중요한 비행 단계(지상 활주, 이륙, 착륙)에서는 중요하지 않은 여분의 콜아웃은 피해야 한다.

예를 들어서 이륙할 때 이륙을 중단해야만 하는 상황이 되었다면, "즉시 이륙을 중단한다."라고 말하기보다는 "REJECT"(중단)만으로 표현하는 편이 결단 의사가 쉽게 전달된다. 단, 같은 의미의 'ABORT'와 같은 다른 용어로 콜아웃하는 것을 피하기 위해 중요한 단계에서 콜아웃해야 하는 표준 항목이나 사용해야 할 용어를 운영교범에 명기하고 있다.

스탠다드 콜아웃 항목과 사용해야 할 용어의 예로는, '80KNOT', 'V₁', 'ROTATE' 등 외에도 'SET TAKEOFF THRUST'(이륙 추력으로 설정), 'LANDING'(착륙), 'GO AROUND'(복행한다.) 등 각 비행 단계마다 여러 가지가 있다.

그런데 부기장의 '엔진 고장' 콜아웃에 대해서는 기장이 반응하지 않는데, 이유는 '가야 할지 말아야 할지'를 고민하기 때문이 아니다. 이미 이륙을 계속할 의도가 있음을 테이크오프 브리핑에서 공유했기 때문이다.

제4장

# 높이 상승하다
## CLIMB

＃＃ 상승

## 이륙 후 체크리스트

앞 장에서 알아본 바와 같이 이륙 성능에서 요구되는 필요한 이륙 활주로 길이는 통상적으로 이륙 거리의 1.15배고 가속 계속 거리와 가속 정지 거리 중에 더 긴 쪽이었다. 그래서 통상 운항에서는 활주로에 충분한 여유를 남기고 리프트오프해서 활주로면에서 높이 10.7m를 통과하는 시점에서는 속도가 $V_2+a$(15~25노트)가 된다.

여담이지만, 쌍발기로 장거리 진출 운항(ETPOS 180)을 실시하려면 비행 중 엔진 정지(IFSD, In Flight Shut Down)는 10만 시간에 2회 이하여야 하는 조건이 있다. 이것은 30년 동안 엔진 정지가 한 번 정도 일어나는 것에 상당하며, 항공사의 파일럿 대부분이 입사해서 정년퇴직할 때까지 한 번도 IFSD를 경험하지 않는 것을 의미한다. 그러므로 6개월마다 실시하는 정기 시뮬레이터 심사 및 훈련에서 시뮬레이터로 엔진 고장 모의 체험을 하는 것이 중요하다.

활주로면에서 비행기가 고도 1500ft에 도달하면, 오토스로틀에 의해 자동으로 이륙 추력에서 상승 추력으로 바뀐다. 통상 운항에서는 플랩이 이륙 위치에 있어도 상승 추력으로 문제없이 상승할 수 있기 때문이다.

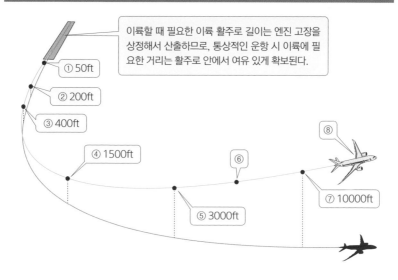

이륙할 때 필요한 이륙 활주로 길이는 엔진 고장을 상정해서 산출하므로, 통상적인 운항 시 이륙에 필요한 거리는 활주로 안에서 여유 있게 확보된다.

① 50ft

② 200ft

③ 400ft

④ 1500ft

⑥

⑧

⑦ 10000ft

⑤ 3000ft

① 50ft: LNAV(수평 항법) 인게이지

② 200ft 이상: 오토파일럿 인게이지 가능 최저 속도

③ 400ft: VNAV(수직 항법) 스피드 모드 인게이지

④ 1500ft: 오토스로틀로 이륙 추력에서 상승 추력으로

⑤ 3000ft: 플랩 올림 조작 개시를 위해 가속

⑥ 플랩 올림 완료: 이륙 후 체크리스트 실시

　　250KIAS* 유지

⑦ 10000ft: 랜딩 라이트 끄기

⑧ 10000ft 이상: 250KIAS에서 최적 상승 속도까지 올려서 상승

* KIAS(Knot Indicated Air Speed): 지시대기속도(노트)

플랩을 올리는 조작 개시는 소음 경감 대책 중에 한 가지만 급상승 방식을 택해, 고도 3000ft까지 상승하고 나서 실시한다. 플랩이 완전하게 올라가면, '이륙 후 체크리스트'(AFTER TAKEOFF CHECKLIST)를 실시하기도 한다.

더 상승해서 새가 날지 않는 비행 고도인 10000ft를 통과한 시점에서 랜딩 라이트를 끈다. 그리고 상승에 최적화한 속도로 순항고도를 목표로 계속 상승한다.

## 오토파일럿을 조종 장치와 연결

다음에는 오토파일럿을 인게이지(조종 장치와 연결하는 것)한다. PFD(Primary Flight Display)에 표시돼 있던 'FLT DIR'이 'A/P'로 바뀌는 것을 확인한다. 오토파일럿을 인게이지하기 위한 아래와 같은 조건이 있다.

- 트림 유지
- 피치＆롤 바가 지시하는 비행 자세

두 조건을 충족하지 않는 상태에서 인게이지하면, 비행 자세가 급격하게 변할 가능성이 있기 때문이다.

'트림'이란 따로 조종 조작을 하지 않고도 뒷질(피칭), 옆질(롤링), 빗놀이(요잉), 각 모멘트가 균형을 이뤄서 정상 비행 상태를 유지할 수 있는 것을 의미한다. 쉽게 말하자면, '조종간에서 손을 떼도 비행 자세를 그대로 유지할 수 있는 상태'를 말한다.

오토파일럿 인게이지가 가능한 최저 고도는 인게이지했을 때의 고도

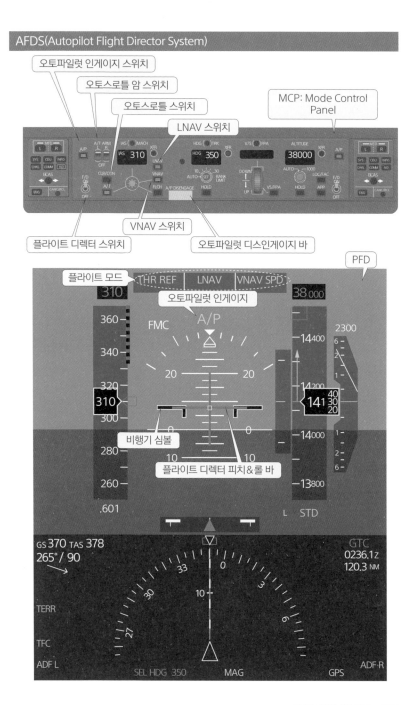

## AFDS(Autopilot Flight Director System)

오토파일럿 인게이지 스위치

오토스로틀 암 스위치

오토스로틀 스위치

LNAV 스위치

MCP: Mode Control Panel

플라이트 디렉터 스위치

VNAV 스위치

오토파일럿 디스인게이지 바

PFD

플라이트 모드

THR REF | LNAV | VNAV SPD

오토파일럿 인게이지

A/P

FMC

비행기 심볼

플라이트 디렉터 피치&롤 바

손실을 상정해서, 그 두 배 이상인 고도가 기준이다. 따라서 인게이지 가능한 고도 200ft는 100ft 이하 고도 손실을 상정한 것이 된다.

여기서 오토파일럿 기능의 변화를 알아보자. 오토파일럿의 역사는 오래되었다. 1903년 라이트 형제의 첫 비행 이후 9년 후인 1912년부터 실용화됐다. 단, 요즘과는 달리 당시의 비행기는 조종이 어렵고 불안정해서 비행 안정을 인공적으로 보완하는 것이 주요 기능이었다.

그 후 비행기와 함께 발달한 오토파일럿은 안정, 조종, 유도라는 세 가지 기능을 갖추게 됐다. 그리고 조종간에 직결된 케이블(금속선)을 통해 아날로그적으로 시행하던 비행 제어 방식이 아닌, 전자 제어 시스템으로 연결한 플라이 바이 와이어 방식을 채택하면서 비행 데이터가 디지털화돼 더 정밀한 비행 제어가 가능해졌다. 또한 IT 기술의 발달과 함께 더 상세한 정보를 표시할 수 있게 되면서 파일럿의 업무 부담 경감에도 크게 공헌하고 있다.

오른쪽 그림을 보자. MCP(Mode Control Panel) 또는 FMS 어느 쪽에서든 오토파일럿을 제어할 수 있다. 공항 주변의 관제처럼 레이더로 유도하는 방위나 속도, 고도 변경의 지시가 많으면 MCP의 각 노브로 지시받은 속도, 방위, 고도를 설정한다. 공항 주변이 아닌 곳에서의 상승, 순항, 강하를 할 때는 FMS로 오토파일럿을 제어한다.

오토파일럿에서의 신호는 PFC(Primary Flight Computer)에 보내진다. PFC에서 비행 속도 같은 에어 데이터, 플랩 위치, 엔진 데이터 등과 함께 처리 · 산출한 최적 조타각이 ACE(Actuator Control Electronics)에 보내진다. ACE는 조타각 신호를 유압 또는 전동 액추에이터에 보내서 에일러론

# 오토파일럿

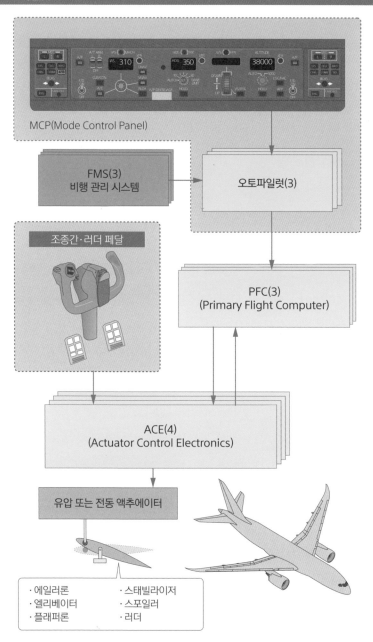

MCP(Mode Control Panel)

FMS(3)
비행 관리 시스템

오토파일럿(3)

조종간·러더 페달

PFC(3)
(Primary Flight Computer)

ACE(4)
(Actuator Control Electronics)

유압 또는 전동 액추에이터

· 에일러론        · 스태빌라이저
· 엘리베이터      · 스포일러
· 플래퍼론        · 러더

같은 동익을 작동시킨다. 또한 오토스로틀과 같은 개념으로 오토파일럿으로 비행하고 있어도 조종간은 움직인다.

그런데 왜 오토랜딩(자동 착륙)은 있는데 오토테이크오프(자동 이륙)는 없을까? 그 이유는 착륙은 계기 착륙 시스템(ILS. Instrument Landing System)이라 부르는 원조 시설이 돕기 때문이다. 즉 오토테이크오프를 가능하게 하려면, 비행기의 장치만이 아니라 이륙 활주에 대해서 활주로 중심선을 정밀하게 유도할 수 있는 계기 이륙 시스템 같은 지상 시설의 도움이 필요하다.

## 고도계 트랜지션, 조절과 검토

상승을 하다가 트랜지션 고도라 부르는 14000ft(나라에 따라 트랜지션 고도가 달라진다.) 이상이 되면, 기장과 부기장은 고도계 규정(Altimeter Setting)이 올바르게 시행됐는지 서로 확인해야 한다.

고도계 규정에는 기압고도계의 원점을 조정하는 Q코드로 표시하는 세 가지 방법이 있다. 표준 대기압면으로부터의 고도를 가리키는 QNE, 평균 해면으로부터의 고도를 가리키는 QNH, 활주로면으로부터의 고도를 가리키는 QFE다. 트랜지션 고도 이상에서는 평균 해면 기압을 세팅하는 QNH에서 표준 대기압을 세팅하는 QNE로 전환한다. QNE에서는 비행 고도, 예컨대 고도가 31000ft일 때 플라이트 레벨 310(쓰리 원 제로)라고 표시한다.

비행기에 기압을 기준으로 한 기압고도계를 채택한 이유는 계기 안에 들어갈 수 있는 작고 가벼운 장치로 기압을 측정할 수 있기 때문이다. 그

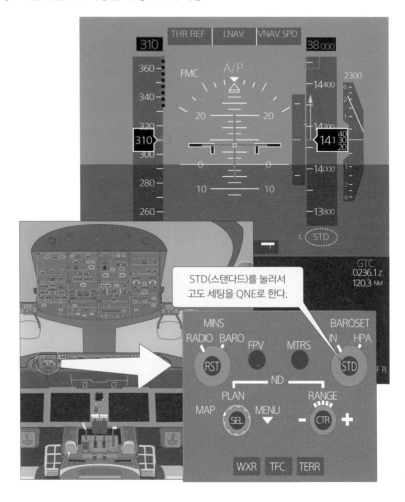

STD(스탠다드)를 눌러서
고도 세팅을 QNE로 한다.

리고 기압과 고도 관계를 간단한 수식으로 표현할 수 있으므로, 측정한 기압을 고도로 변환하는 것이 간단하면서도 정확도가 높은 지시 값을 얻을 수 있다는 점도 크다.

현재는 피토관과 정압공으로 들어온 공기를 전기식 압력 센서로 측정

## 고도계 세팅(고도계 규정) 예시

**QNE(Nautical Elevation)**
표준 대기압면으로부터의 고도를 가리키도록 29.92in 또는 1013.2hPa에 세팅하는 방법

**QNH(Nautical Height)**
평균 해면으로부터의 고도를 가리키도록 기압을 세팅하는 방법

**QFE(Field Elevation)**
활주로면으로부터의 고도를 가리키도록 기압을 세팅하는 방법

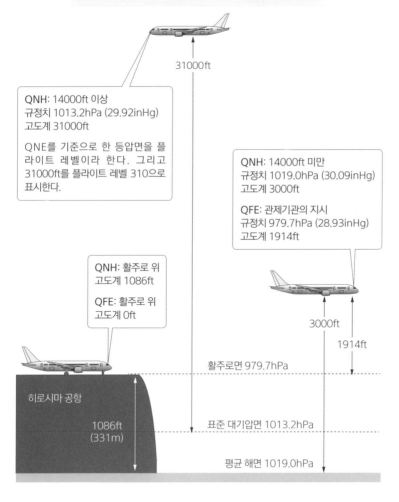

31000ft

QNH: 14000ft 이상
규정치 1013.2hPa (29.92inHg)
고도계 31000ft

QNE를 기준으로 한 등압면을 플라이트 레벨이라 한다. 그리고 31000ft를 플라이트 레벨 310으로 표시한다.

QNH: 14000ft 미만
규정치 1019.0hPa (30.09inHg)
고도계 3000ft

QFE: 관제기관의 지시
규정치 979.7hPa (28.93inHg)
고도계 1914ft

QNH: 활주로 위
고도계 1086ft

QFE: 활주로 위
고도계 0ft

3000ft

1914ft

활주로면 979.7hPa

히로시마 공항

1086ft
(331m)

표준 대기압면 1013.2hPa

평균 해면 1019.0hPa

> 기압고도계 예시

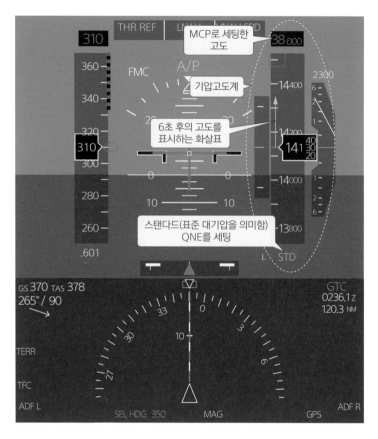

해서 디지털 처리하는 장치인 ADM(Air Data Module)을 사용하고 있다. 이 장치로 인해 측정한 기압에 대한 신뢰성이 향상됐으며, 더 정확한 고도 지시가 가능해졌다.

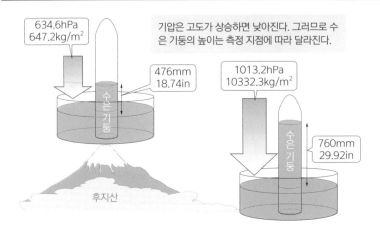

634.6hPa
647.2kg/m²

476mm
18.74in

수은 기둥

후지산

1013.2hPa
10332.3kg/m²

760mm
29.92in

수은 기둥

기압은 고도가 상승하면 낮아진다. 그러므로 수은 기둥의 높이는 측정 지점에 따라 달라진다.

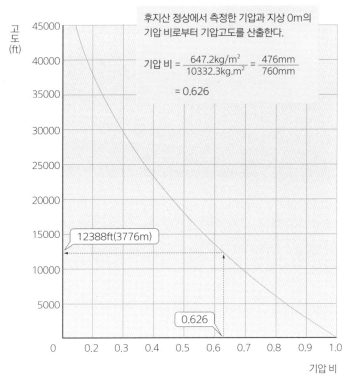

후지산 정상에서 측정한 기압과 지상 0m의 기압 비로부터 기압고도를 산출한다.

$$기압 비 = \frac{647.2kg/m^2}{10332.3kg.m^2} = \frac{476mm}{760mm}$$

$$= 0.626$$

고도
(ft)

45000

40000

35000

30000

25000

20000

15000

12388ft(3776m)

10000

5000

0     0.2   0.3   0.4   0.5   0.6   0.7   0.8   0.9   1.0

0.626

기압 비

## 경제적인 상승 방식 확인

경제적인 상승 방식을 유지하고 있는지 확인해야 한다. 조종석에서 확인할 수 있는 속도는 지시대기속도(IAS. Indicated Air Speed)와 마하수(M. Mach Number), 진대기속도(TAS. True Air Speed), 대지속도(GS. Ground Speed)이다. 또한, 알파벳 'I'와 숫자 '1'을 혼동하기 쉬우므로, 지시대기속도가 '310노트'라면 '310KIAS'처럼 'Knot'의 약어 K를 넣어서 표시하는 경우가 많다.

IAS는 양력과 항력에 비례하는 동압을 기준으로 하므로, 'IAS가 일정'하다는 것은 동압이 일정하게 상승하고 있다는 뜻이다. 이것은 IAS가 일정한 상승한다는 말이 곧 양력과 항력을 일정하게 유지하면서 상승하는 것을 의미한다.

상승함에 따라 공기 밀도가 작아지므로 동압, 즉 IAS를 유지하려면 피토관이 받는 공기 속도를 높여야 한다. 이 공기 속도는 비행기와 공기의 상대속도인 TAS다. 이런 사실로부터 IAS가 일정하게 상승하면 TAS는 고도와 함께 빨라진다는 사실을 알 수 있다. 공기역학적으로는 가속 상승하는 것을 의미한다.

이처럼 상승과 함께 TAS는 빨라지지만, 고도가 높아지며 외기 온도가 내려가므로 음속은 느려진다. 그래서 (TAS)/(음속)으로 산출하는 마하수는 커진다. 일정 고도 이상이 되면, 주 날개를 통과하는 공기의 속도가 마하 1.0을 넘어버려서 충격파가 발생할 우려가 있다. 그래서 마하수를 체크하며 상승하도록 한다. 마하수를 일정하게 유지하며 상승한다면, 동일하게 온도가 떨어지고 음속이 느려지지만 TAS도 느려진다. 감속 상승을 할 수 있으므로 상승률이 증가한다.

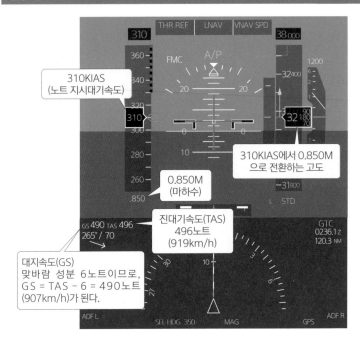

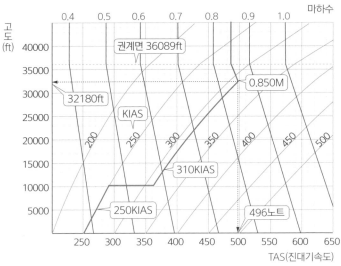

대류권과 성층권의 경계인 권계면을 넘으면 외기 온도는 일정해지므로 음속도 일정해지고, 마하수가 일정하다면 TAS도 일정한 정속 상승을 하게 된다.

이제부터 상승할 때는 상승률, 강하할 때는 강하율, 착륙할 때는 침하율로 구분해 사용하는 속도인 수직 속도(VS. Vertical Speed)를 알아보자.

112쪽 그림을 보자. 피치각(기수를 올리고 내리는 자세) 3.5°에 대해 비행경로(비행기가 날아가는 길)의 각도, 즉 상승각은 1.4°이다. 비행기를 떠오르게 하는 양력을 얻으려면 주 날개에는 영각이 필요하기 때문이다. 피치각과 상승각의 차이, 바꿔말하면 기축 주 날개가 향하는 방향과 공기가 향하는 방향인 비행경로와의 차이 2.1°가 영각이 되는 것이다.

또한 그림처럼 비행기의 상승을 방해하는 항력을 발휘하는 것은 공기에 의한 항력과 비행기가 기울어져서 발생하는 비행 중량 분력의 합력이다. 가속 상승할 때는 그 합력보다 상승 추력이 크고(112쪽 그림에서는 1t 더 크다.), 정속 상승할 때는 합력이 상승 추력과 균형을 이룬다.

## 가장 좋은 상승 효율 속도와 상승각 속도

VNAV SPD 모드에서는 최대 상승 추력을 유지하면서 피치각을 조절해서 지시대기속도를 일정하게 유지하여 상승한다. 그래서 상승률과 상승각은 그 결과치에 불과하다. 이처럼 상승률과 상승각은 비행 속도의 영향을 받는다.

상승률이 최대가 되는 속도를 최량 상승률 속도, 상승각이 최대가 되는 속도를 최량 상승각 속도라고 부른다. 최량 상승률 속도는 순항고도에 도달하기까지 걸리는 시간을 줄이고 싶을 때, 최량 상승각 속도는 장애물

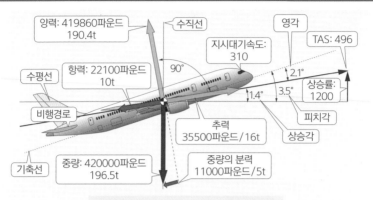

$$(추력) \rangle (항력) + (중량의 분력) : 가속 상승 중$$
$$(추력) = (항력) + (중량의 분력) : 정속 상승 중$$

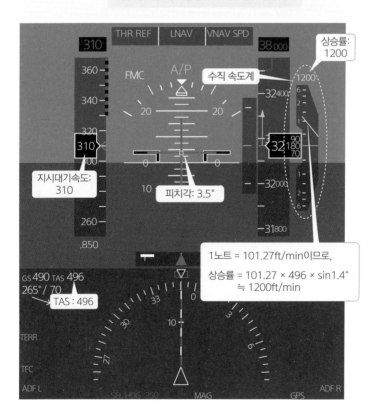

이나 적란운을 피하기 위해 최소 거리로 최대 고도에 도달하고 싶을 때 선택한다.

상승률과 상승각 모두 상승함에 따라 상승 추력이 감소하므로 작아진다. 상승률이 300ft/m이 되는 고도를 운용 상승 한계라고 하며, 여객기가 순항할 수 있는 최대 고도로 여긴다.

### '원 타우전트 피트 투 레벨 오프' 콜

순항고도인 1000ft 직전이 되면 '원 타우전트(1000) 피트 투 레벨 오프'라고 콜한다. 1000을 'TOU - SAND'(타우전트)라고 발음하는 것은 항공교통 관제사가 업무를 시행하는 기준인 '관제방식 기준'에서 정하는 발음 방식을 근거로 하기 때문이다.

예를 들어, 9000은 'NIN-er TOU-SAND(나이너 타우전트)'라고 발음한다. 숫자를 표기할 때는 항공기 운영교범에 기재된 고도의 수치를 예로 들자면 '9,000'처럼 콤마 ','를 삽입하지 않는 것으로 돼 있다. 콤마를 소수점으로 착각할 수 있기 때문이다.

순항고도로는 연료 소비가 최소가 되는 고도를 선정하며, 최적 고도라고도 부른다. 안정성이란 실속 등을 일으키지 않고 안정된 비행이 가능하다는 의미다.

그 실속의 전조 때문에 날개에서 박리된 공기가 수평꼬리날개 같은 기체 뒷부분에 충돌해서 기분 나쁜 진동을 일으키는 현상이 발생한다. 이를 버핏이라 하는데, 이런 현상이 발생하지 않는 고도나 돌풍을 받아서 하중이 증가하더라도 버핏이 발생하지 않는 안전한 고도를 선정하는 것이 중요하다.

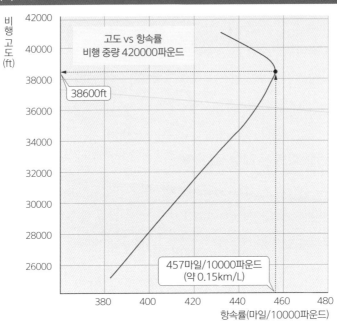

비행고도(ft)

고도 vs 항속률
비행 중량 420000파운드

38600ft

457마일/10000파운드
(약 0.15km/L)

항속률(마일/10000파운드)

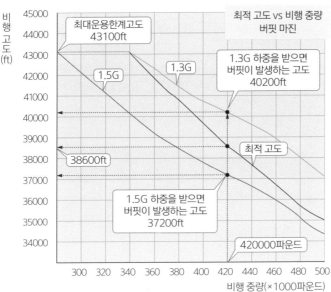

비행고도(ft)

최적 고도 vs 비행 중량
버핏 마진

최대운용한계고도
43100ft

1.5G

1.3G

1.3G 하중을 받으면
버핏이 발생하는 고도
40200ft

최적 고도

38600ft

1.5G 하중을 받으면
버핏이 발생하는 고도
37200ft

420000파운드

비행 중량(×1000파운드)

그런데 왼쪽 그림처럼 최적 고도 라인은 1.3G보다 아래에 있으므로, 최적 고도를 선정하면 1.3G의 여유는 충족함을 알 수 있다. 만약 비행경로 위에 매우 강하게 흔들리는 공역이 예상되면, 1.5G 고도를 선정하기도 한다. 이에 관한 자세한 내용은 순항을 다루는 제5장에서 알아보기로 하자.

# 파일럿과 오토파일럿

국내선의 주역이 보잉 727 제트 여객기였던 시절, 6개월마다 실시하던 시뮬레이터 심사에서는 오토파일럿을 사용하지 않는 것이 보통이었다. 심사하는 2시간 동안 조종간에서 손을 떼지 않고 긴급 사태에 대처했던 것이다.

실제로 운영교범에는 급감압에 따른 긴급 강하 시에는 오토파일럿을 사용하지 않는다고 명기하고 있었다. 또한 통상적인 비행에서는 이륙이 완료돼 플랩이 완전하게 들어간 다음에 사용하는 것으로 돼 있었다. 플랩 일정에 맞춰서 속도를 제어할 수 있는 설계가 아니었기 때문이다.

현재는 플라이 바이 와이어와 같은 디지털 기술이 발달함에 따라 오토파일럿으로도 정확한 비행 제어가 가능해져서 이륙 직후부터 사용할 수 있다. 모든 리소스를 유효하게 활용해 조종석 안의 팀 기능을 높여서 안전하고 효율적인 비행을 목적으로 하는 CRM(Crew Resource Management)이라 불리는 소프트웨어가 개발돼 있다. 따라서 오토파일럿을 적극적으로 사용하는 추세다.

보잉 777과 에어버스 A330 이후에 만든 비행기는 긴급 사태가 발생해도 오토파일럿을 적극적으로 사용하는 것을 권장한다. 실제로 항공기 운영교범에는 긴급 강하 시에 오토파일럿 사용을 권장한다고 명기하고 있다. 긴급 강하 중에 운용 한계 속도를 넘지 않는 비행 제어를 오토파일럿에 맡길 수 있기 때문이다. 파일럿은 향상한 기능을 효과적으로 활용해 업무 부담을 줄이고, 오토파일럿에서는 불가능한 종합적인 판단을 내리는 데 필요한 여유를 확보하는 것이 중요해졌다.

# 제5장

# 하늘길을 따라 순항하다
## CRUISE

# 순항(크루즈)

## 플라이트 모드

순항고도에 도달하면 수직 항법은 상승 속도 유지 기능인 'VNAV SPD' 에서 고도 유지 기능인 'VANV PTH(Path)' 모드로 바뀐다. 비행 속도는 비행 자세가 아닌 엔진 추력으로 제어하므로, 오토스로틀은 상승 추력 유지 기능인 'THR REF'에서 속도 유지(마하 유지) 기능인 'SPD' 모드로 바뀐다. 수평 항법은 이륙 직후 50ft부터 이어지는 'LNAV' 모드를 유지한다.

➤ 플라이트 모드 예시

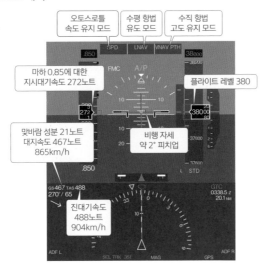

오토스로틀
속도 유지 모드

수평 항법
유도 모드

수직 항법
고도 유지 모드

마하 0.85에 대한
지시대기속도 272노트

플라이트 레벨 380

맞바람 성분 21노트
대지속도 467노트
865km/h

비행 자세
약 2° 피치업

진대기속도
488노트
904km/h

➤ 실제 비행 궤도와 계기판 예시

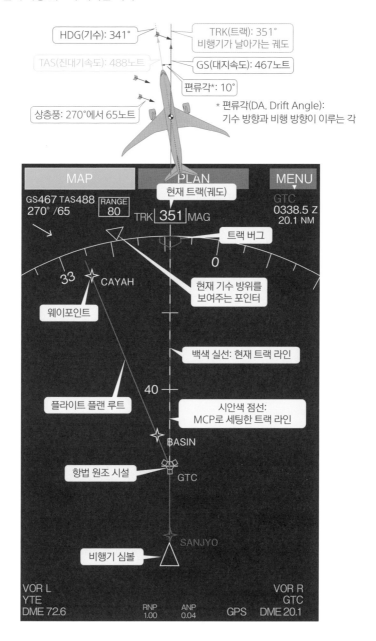

HDG(기수): 341°

TRK(트랙): 351°
비행기가 날아가는 궤도

TAS(진대기속도): 488노트

GS(대지속도): 467노트

편류각*: 10°

상층풍: 270°에서 65노트

* 편류각(DA, Drift Angle):
기수 방향과 비행 방향이 이루는 각

MAP          PLAN          MENU

GS467 TAS488   RANGE   현재 트랙(궤도)   GTC
270° /65        80    TRK 351 MAG        0338.5 Z
                                         20.1 NM

트랙 버그

0

33      CAYAH
                    현재 기수 방위를
웨이포인트            보여주는 포인터

                    백색 실선: 현재 트랙 라인

플라이트 플랜 루트
            40
                    시안색 점선:
                    MCP로 세팅한 트랙 라인

            BASIN

항법 원조 시설     GTC

            SANJYO
비행기 심볼

VOR L                                VOR R
YTE                                     GTC
DME 72.6    RNP    ANP    GPS   DME 20.1
            1.00   0.04

119쪽 그림의 LNAV는 ND(Navigation Display)에 65노트인 편서풍을 받아서 바람이 불어오는 방향으로 10°의 편류각(DA. Drift Angle)을 취하며, 351°인 트랙 위를 자동 유도하는 상황을 표시한다.

## TEVC(Trailing Edge Variable Camber)

TEVC(후연 가변 캠버)는 비행 중량과 대기 변화 등의 비행 상황에 맞춰 후연 플랩을 미세하게 작동시켜서, 양력 분포를 최적화하고 유도 항력 저감을 도모하는 장치다. 왜 플랩을 미세하게 작동시키는지를 알려면 우선, 항력이 무엇인지를 확인해 두자. 항력을 크게 유해 항력과 유도 항력으로 나눌 수 있다.

유해 항력은 공중을 나는 비행기에 한정되지 않고, 자동차처럼 지상을 이동하는 물체에도 작용하는 항력이다. 이 항력은 공기의 운동에너지에 의해 발생하는 압력인 동압이 원인이며, 비행 속도의 제곱에 비례하므로, 비행 속도가 빨라질수록 포물선을 그리듯이 커진다.

➤ TEVC(후연 가변 캠버)

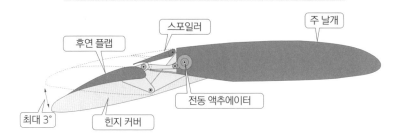

비행 중량과 대기 변화 등의 비행 상황에 맞춰 후연 플랩을 미세하게 작동시켜서, 양력 분포를 최적화하고 유도 항력 저감을 도모하는 장치.

주 날개

스포일러

후연 플랩

전동 액추에이터

최대 3°

힌지 커버

➤ 항력의 종류와 비행 속도

(1)
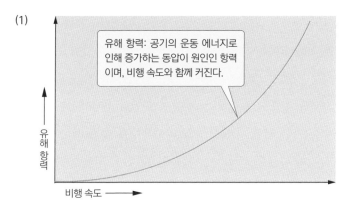

유해 항력: 공기의 운동 에너지로 인해 증가하는 동압이 원인인 항력이며, 비행 속도와 함께 커진다.

유해 항력

비행 속도 ➤

(2)
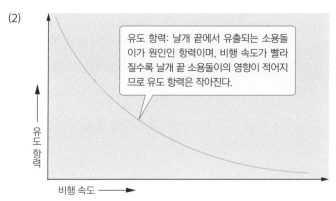

유도 항력: 날개 끝에서 유출되는 소용돌이가 원인인 항력이며, 비행 속도가 빨라질수록 날개 끝 소용돌이의 영향이 적어지므로 유도 항력은 작아진다.

유도 항력

비행 속도 ➤

(3)
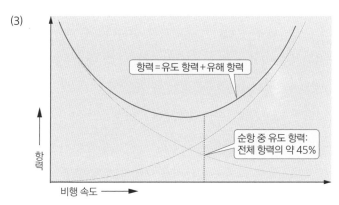

항력 = 유도 항력 + 유해 항력

순항 중 유도 항력: 전체 항력의 약 45%

항력

비행 속도 ➤

유도 항력은 날개 끝에서 유출되는 공기 소용돌이 때문에 작용하며, 비행 속도가 빨라지면 작아지는 신기한 항력이다. 유도 항력이 양력계수의 제곱에 비례하기 때문이다. 비행 속도가 빨라지면 동압이 커지므로, 동압에 비례하는 양력이 커진다. 그래서 날개의 영각을 작게 해서 양력을 비행기에 작용하는 중력과 같게 만들 필요가 있다. 다시 말해, 비행 속도가 빨라질수록 기수 내림 자세를 취해 양력계수를 작게 해야만 한다. 이처럼 비행 속도와 함께 양력계수가 작아지므로, 유도 항력도 작아진다.

비행기에 작용하는 항력은 유해 항력과 유도 항력을 더한 것이며, 121쪽 그림의 (3)처럼 U자를 그린다. 그림에 있는 것처럼 순항 중의 유도 항력은 전체 항력의 45% 정도. 날개 끝에 직각에 가까운 각도로 작은 날개를 높게 붙이면 유도 항력을 낮출 수 있다. 이 날개가 윙렛이다. 보잉 787에서는 후퇴각이 있는 날개 끝 구조를 채택했는데, 윙렛보다 작은 면적 및 구조 중량으로 같은 수준 이상의 저감 효과를 얻을 수 있다.

## TEVC로 최적 양항비를 얻는다

항력은 양력처럼 공기에 의한 힘이다. 공기로부터 받는 힘의 비율을 알기 위해 양력과 항력의 비인 양항비가 존재한다. 양항비가 클수록 작은 추력, 즉 적은 연료량으로 비행할 수 있다는 의미다. 하지만 양력을 크게 만들기 위해 비행 자세에 변화를 주면 항력도 커진다.

그래서 TEVC는 비행 자세를 바꾸지 않고 후연 플랩을 이용해서 캠버를 미세하게 변화시키는 방법으로 양력을 제어하고, 항력 증가를 최소한으로 억제해서 최적의 양항비를 얻는다.

## 양력과 항력의 관계

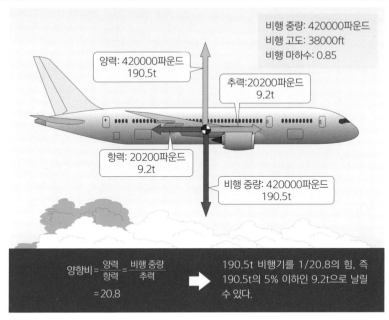

비행 중량: 420000파운드
비행 고도: 38000ft
비행 마하수: 0.85

양력: 420000파운드
190.5t

추력:20200파운드
9.2t

항력: 20200파운드
9.2t

비행 중량: 420000파운드
190.5t

$$양항비 = \frac{양력}{항력} = \frac{비행 중량}{추력} = 20.8$$

190.5t 비행기를 1/20.8의 힘, 즉 190.5t의 5% 이하인 9.2t으로 날릴 수 있다.

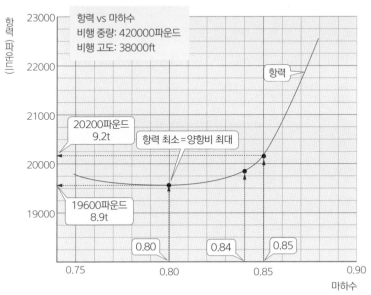

항력 (파운드)

항력 vs 마하수
비행 중량: 420000파운드
비행 고도: 38000ft

항력

20200파운드
9.2t

항력 최소=양항비 최대

19600파운드
8.9t

0.80        0.84        0.85

마하수

123쪽 위 그림은 비행 중량 190.5t, 순항고도 38000ft, 마하 0.85인 조건에서 양항비가 최대가 되도록 플랩 각도를 TEVC가 설정해 양항비 20.8을 얻는 것을 보여준다.

그 아래 마하수와 항력의 관계를 나타낸 그래프를 보면, 항력이 최소, 즉 양항비가 최대가 되는 속도가 존재함을 알 수 있다. 하지만 이 속도는 어디까지나 추력이 최소가 되는 속도이며, 항속률(단위 연료당 비행 거리)이 최대가 되는 속도는 아니다.

## 순항 방식

왜 양항비가 최대인 마하수에서는 항속률이 최대가 되지 않는지를 오른쪽에 있는 항속률 식과 그래프로 확인해 보자.

식의 분자에 있는 진대기속도에서 변호하는 양항비는 비행기의 공력 특성이며, 분모의 연료 유량은 엔진의 성능 특성이다. 그러므로 항속률을 최대로 하려면, 공력 특성과 엔진 성능 특성의 조합이 가장 좋아지는 속도를 선정해야 하는 것을 알 수 있다. 엔진의 성능 특성이란 추력 연료 소모율(TSFC. Thrust Specific Fuel Consumption)이라 부르며, 그 값을 구하는 식은 아래와 같다.

$$(\text{TSFC}) = \frac{\text{연료 유량}}{\text{추력}}$$

TSFC가 작을수록 소량의 연료로 큰 추력을 발휘할 수 있는 우수한 성능의 엔진임을 의미한다.

그런데, 실제 운항에서는 진대기속도계가 아닌 마하계로 비행한다. 마

## ➤ 마하수별 항속률 계산

$$(\text{항속률}) = \frac{(\text{비행 거리})}{(\text{소비 연료})} = \frac{\text{진대기속도}}{\text{연료 유량}}$$

### 양항비가 최대가 되는 마하 0.80으로 순항

진대기속도 0.80 × 574* = 459노트, 연료 유량 10200파운드/시간이므로,

$$(\text{항속률}) = \frac{459}{10200} = 0.0450(\text{마일/파운드}) \ (0.148\text{km/L})$$

### 마하 0.85로 순항

진대기속도 0.85 × 574 = 488노트, 연료 유량 10770파운드/시간이므로,

$$(\text{항속률}) = \frac{488}{10770} = 0.0453(\text{마일/파운드}) \ (0.149\text{km/L})$$

### (마하수)×(양항비)가 최대가 되는 마하 0.84로 순항

진대기속도 0.84 × 574 = 482노트, 연료 유량 10520파운드/시간이므로,

$$(\text{항속률}) = \frac{482}{10520} = 0.0458(\text{마일/파운드}) \ (0.150\text{km/L})$$

*38000ft에서의 음속: 574노트

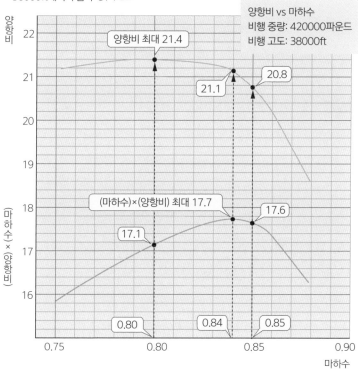

하수는 비행 속도인 진대기속도와 음속의 비이므로, 진대기속도를 마하수로 바꿔도 문제 없다. 그래서 양항비와 마하수의 관계를 나타낸 125쪽 아래 그래프를 참고하면, 양항비와 양항비에 속도 가중치를 부여한 (마하수)×(양항비)가 각각 최대가 되는 마하수가 서로 다르다는 것을 알 수 있다.

양항비가 최대가 되는 마하 0.80의 항속률부터 계산해 보자. 비행 고도 38000ft에서의 음속이 574노트이므로, 마하 0.80에 대한 진대기속도는 0.80×574 = 459노트가 된다. 연료 유량은 TSFC×추력으로부터 0.520×19600 ≒ 10200파운드/시간(엔진당 5100파운드/시간)으로 세 가지 사례 중 가장 작다. 그런데 진대기속도가 느리므로 항속률은 0.0450마일/파운드(0.148km/L)로 최소가 돼 버린다. 다만 비행 거리가 아니라 체공 시간을 벌기에는 유효한 속도이다.

마하 0.85에서는 추력 20200, TSFC 0.533으로 커지므로 연료 유량은 20200×0.533 ≒ 10770(엔진당 5385파운드/시간)으로 증가하지만, 진대기속도가 빠르므로 항속률은 0.0453(약 0.149km/L)이 돼 양항비가 최대인 마하수 0.79의 항속률인 0.0449보다 커진다.

마하 0.84는 (마하수)×(양항비)가 최댓값임과 동시에 TSFC도 마하 0.85보다 작은 0.529가 된다. 그러므로 추력 19890으로부터 연료 유량 19890×0.529 ≒ 10520이 되므로, 항속률은 0.0458(약 0.150km/L)로 세 사례 중에서 최대가 된다.

이상의 내용으로부터 양항비에 속도 가중치를 부여한 (마하수)×(양항비)가 최대가 되는 영역에서 TSFC가 작아지는 마하수를 선정하면 최대

## ➤ 마하수별 최대 항속률

· **최소항력 속도(V$_{L/D}$)**
  양항비 최대=항력 최소가 되는 속도에서 연료 유량이 최소가 되므로, 공중 대기처럼 체공 시간을 늘리고 싶은 경우의 기준 속도.

· **최대 항속거리 순항(MRC. Maximum Range Cruise)**
  항속률이 최대가 되는 속도로 순항하는 방식.

· **장거리 순항(LRC. Long Range Cruise)**
  MRC의 99% 항속률을 얻을 수 있는 속도로 순항하는 방식.

· **고속 순항(HSC. High Speed Cruise)**
  비행시간 단축을 목적으로 하며, 비교적 빠른 마하수로 순항하는 방식.

· **경제 순항 방식(ECON. Economy Cruise)**
  항속률, 즉 연료 비용뿐만 아니라, 시간 비용(인건비, 정비비, 보험료 등 시간에 따라 증감하는 경비)을 고려한 속도로 순항하는 방식.

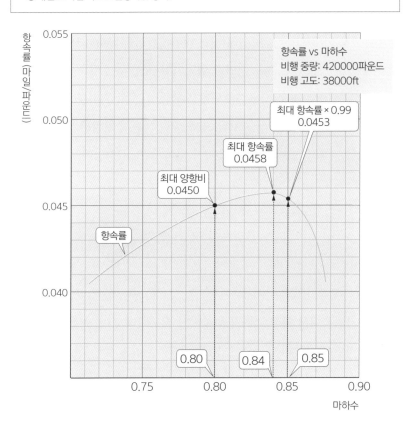

항속률을 얻을 수 있는 것을 알 수 있다.

항속률이 최대가 되는 마하수로 순항하는 방식을 최대 항속거리 순항(MRC. Maximum Range Cruise)이라 부른다. MRC는 비교적 느린 속도라 비행 속도 증가를 우선시해서 MRC의 99% 항속률을 얻을 수 있는 마하수로 순항하는 방식을 장거리 순항(LRC. Long Range Cruise)이라 부른다.

현재는 항속률, 즉 연료 비용뿐만 아니라, 인건비, 정비비, 보험료 등 시간에 따라 변화하는 시간 비용도 고려한 속도로 순항하는 경제 순항 방식(ECON. Economy Cruise)이 주류를 이룬다.

보잉 747이나 777 등 한 세대 전의 비행기에서의 마하 0.85는 고속 순항(HSC. High Speed Cruise) 영역에 있었지만, 오늘날 보잉 787에서는 고속 순항 수준으로 빠른 LRC가 큰 특징이다. 고속 비행과 항속률을 양립하는 것이 가능해진 데는 TEVC에 의한 공력 성능이 향상되고 엔진의 압축 공기를 기내 공조 장치에 이용하지 않아서 엔진 성능이 향상된 덕분이다.

## 스텝업 순항

국제선처럼 장거리 운항이면 목적지까지 같은 고도를 계속 유지할 수는 없다. 오른쪽 위 그래프에서 보면 알 수 있듯이 연료를 소비할수록 비행 중량이 가벼워져서 최적 고도가 높아지기 때문이다. 그런 최적 고도를 따라 상승하면서 순항하는 것이 이상적이겠지만, 현재 항공교통 관제상 그렇게 해서는 안 된다. 2003년에 퇴역한 초음속 여객기 콩코드의 순항고도는 통상적인 여객기로는 비행할 수 없는 고도 50000ft 이상이었기에

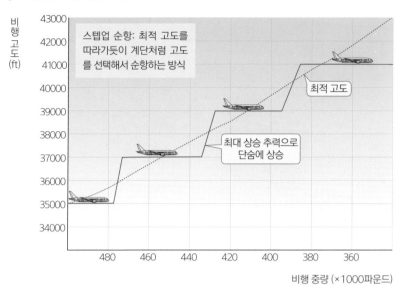

➤ 연료 소비에 따른 최적 고도의 변화

비행고도 (ft)

스텝업 순항: 최적 고도를 따라가듯이 계단처럼 고도를 선택해서 순항하는 방식

최적 고도

최대 상승 추력으로 단숨에 상승

비행 중량 (×1000파운드)

상승 순항 방식을 실행했던 것 같다.

43000ft 이하의 혼잡한 순항고도에서는 최적 고도를 따라가듯이 단계적으로 고도를 올려서 순항하는 스텝업 순항 방식을 채용할 수밖에 없다.(위 그림) 다만, 순항고도를 변경하려면 '필요한 추력이 최대 순항 추력 이하', '실용적인 상승률을 얻을 수 있다.', '버핏에 대한 여유가 있다.', '항속률이 개선된다.', '강한 흔들림이 예상되지 않는다.'와 같은 조건을 충족해야만 한다.

그렇다면 비행 중량과 항속률 사이의 관계를 나타내는 130쪽 그래프를 참고하면서 스텝업 타이밍을 생각해 보자. 예를 들어서 비행 중량 460000파운드로 37000ft를 순항하면, 비행 중량의 항속률은 0.042마일/

## ▶ 비행 중량 vs 항속률

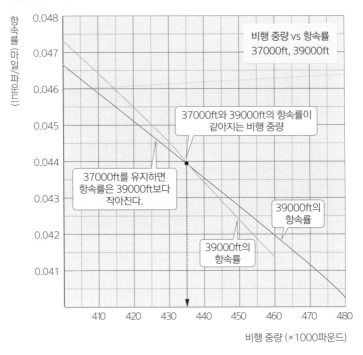

파운드다. 그리고 약 두 시간의 비행 후에는 연료를 소비해 비행 중량이 435000파운드로 줄어서 항속률은 약 0.044마일/파운드로 증가한다.

그래프에서 확인할 수 있듯 37000ft를 유지하고 있으면 39000ft에서의 항속률보다 작아져 버린다. 그래서 39000ft와 같은 항속률을 얻을 수 있는 비행 중량 435000파운드가 된 시점에서 스텝업하면 된다는 사실을 알 수 있다. 또한, 114쪽의 그래프에서 버핏에 대한 여유를 충족하는 것도 확인할 수 있다.

## 스텝업 타이밍

지금까지 알아본 항속률은 진대기속도와 연료 유량의 비일 뿐, 단위 연료로 지상에서 이동할 수 있는 거리를 보여주는 것이 아니다. 지상에서의 이동 거리를 기준으로 한 실제 항속률은 대지속도와 연료 유량의 비여야 한다. 실제 항속률을 구하는 식은 132쪽 상단의 식처럼 대지속도와 진대기속도와의 비에 항속률을 곱한 것이다. 이 식에서 진대기속도 488노트로 비행 중에 100노트의 맞바람을 받은 실제 항속률을 계산하면 다음과 같다.

$$\frac{488 - 100}{488} = 0.79$$

따라서 80% 이하인 것을 알 수 있다.

진대기속도로 공기 중을 이동한 거리(마일)를 에어 마일, 대지속도로 지상을 이동한 거리를 그라운드 마일이라 부른다. 이 사례에서 한 시간 후의 에어 마일은 488마일(904km)이지만, 실제로 지상을 이동한 그라운드 마일은 388마일(719km)이다.

위와 같은 이유로 순항고도를 선정할 때는 상층풍을 고려할 필요가 있음을 알 수 있다. 132쪽 그림은 고도에 따라 달라지는 풍속을 고려한 순항고도 선정 방법 예시다. 비행 중량 460000파운드의 최적 고도 37000ft는 맞바람 성분이 100노트나 되어서 항속률은 80% 이하가 돼 버린다. 35000ft는 강풍대 중심 고도이므로 강한 흔들림이 보고됐으며, 항속률도 최악인 고도다.

**➤ 고도에 따른 풍속을 고려한 순항고도 선정 방법 예시**

$(항속률) = \dfrac{진대기속도}{연료 유량}$ 및 $(실제 항속률) = \dfrac{대지속도}{연료 유량}$ 에서,

$(실제 항속률) = \dfrac{대지속도}{진대기속도} \times (항속률)$

$(대지속도) = (진대기속도) \pm (바람 성분)$ 이므로

$(실제 항속률) = \dfrac{(진대기속도) \pm (바람 성분)}{진대기속도} \times (항속률)$ (+: 순풍, −: 맞바람)

37000ft
· 마하 0.85
· 진대기속도: 488노트
· 항속률: 436마일/10000파운드
· 맞바람 성분: W노트

37000ft에 스텝업했는데,
맞바람 성분이 몇 노트라면 항속률이
33000ft보다 커질까?

33000ft
· 마하 0.85
· 진대기속도: 495노트
· 항속률: 418마일/10000파운드
· 맞바람 성분: 50노트

33000ft, 마하 0.85에서 무풍 상태의 항속률 418마일/10000파운드

$실제\ 항속률 = \dfrac{495-50}{495} \times 418 ≒ 376$

37000ft, 마하 0.85에서 무풍 상태의 항속률 436마일/10000파운드

$실제\ 항속률 = \dfrac{488-W}{488} \times 436 ≧ 376$

그러므로, 맞바람 성분이 67노트 이하라면 항속률이 유리해진다.

그래서 현 상황에서 가장 좋은 항속률을 얻을 수 있는 33000ft에서 순항하고 있다. 그리고 37000ft에서의 맞바람 성분이 67노트 이하가 된 타이밍에 스텝업을 개시하는 것이 좋다. 실제 운항에서는 FMS에 스텝업할 수 있는 시각과 개시 지점을 표시한다.

## 경제 순항

항속률, 즉 연료 비용만이 아니라, 운항에서 실제로 발생하는 인건비, 공항 정류 비용 등 시간 비용과 고정비를 합산한 운항 비용을 그래프로 나타내면 아래 그림처럼 비용이 최소가 되는 속도가 존재함을 알 수 있다. 이렇게 최소 비용이 되는 속도로 순항하는 방식을 경제 순항(ECON. Economy Cruise)이라 부른다.

시간 비용 = 비용/시간, 연료 비용 = 비용/무게이므로, 비용 인덱스 CI

➤ 운항 비용 그래프

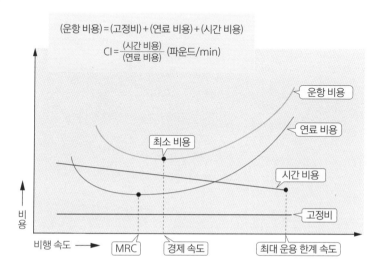

(운항 비용) = (고정비) + (연료 비용) + (시간 비용)

$$CI = \frac{(시간\ 비용)}{(연료\ 비용)}\ (파운드/min)$$

> 바람 성분에 따른 항속률 그래프

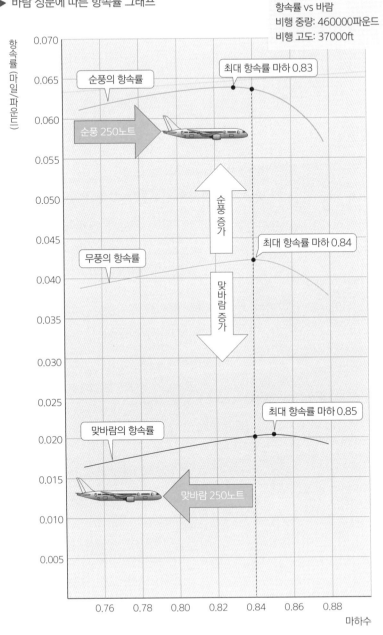

항속률 vs 바람
비행 중량: 460000파운드
비행 고도: 37000ft

의 단위는 무게/시간이 된다. 연료를 중시하면 CI는 작아지고, 시간을 중시하면 CI는 커진다. 예컨대 CI=200은 1분간 비행하면 연료 무게 200파운드만큼의 비용이 드는 것을 의미한다. 그리고 CI=0은 연료 비용만을 생각한 MRC(최대 항속거리 순항), CI=999는 시간 비용이 최소가 되는 최대 운용 한계 속도보다 약간 느린 속도로 설정돼 있다.

다만, 왼쪽 그림처럼 항속률이 최대가 되는 속도는 바람 성분에 따라 변화하므로, 바람이 없을 때의 경제 속도보다도 순풍일 때는 느린 속도, 맞바람일 때는 빠른 속도가 된다.

## 버핏 마진

버핏은 주 날개에서 박리돼 강한 에너지를 지닌 공기 소용돌이가 기체 뒷부분을 격하게 진동시키는 현상이다. 136쪽 그림처럼 저속 버핏과 고속 버핏이 있다.

어느 쪽의 버핏이든 모두 실속의 전조로 발생하는 현상인데, 회복 작업은 종류에 따라 달라진다. 저속 버핏이 발생하면 지나치게 크게 잡은 영각을 작게 만들기 위해 기수를 내린 자세로 가속할 필요가 있다. 반대로 고속 버핏에서 충격파를 회피하려면 감속해야만 한다. 단, 감속하려고 기수를 올린 자세를 취하면 영각이 증가해서 날개 윗면을 통과하는 기류가 가속되므로 충격파를 조장해 버핏이 심해질 우려가 있다. 그러므로 스피드 브레이크를 사용하거나 추력을 줄여서 감속해야 한다. 여기서는 비행 고도를 내리는 것이 가장 효과적인 회복 작업이다.

이상으로부터 버핏은 비행기의 자세, 즉 양력계수와 비행 속도가 결정

**저속 버핏**
저속 비행에서 비행기를 떠받치는 양력을 얻기 위해 기수 들림 자세를 지나치게 크게 취하는 것이 원인으로, 주 날개에서 박리된 공기의 강한 소용돌이가 기체 뒷부분을 진동시키는 현상.

**고속 버핏**
주 날개에서 발생한 충격파 전후의 압력 차이가 원인으로, 날개에서 박리된 공기가 강한 소용돌이가 돼 기체 뒷부분을 진동시키는 현상.

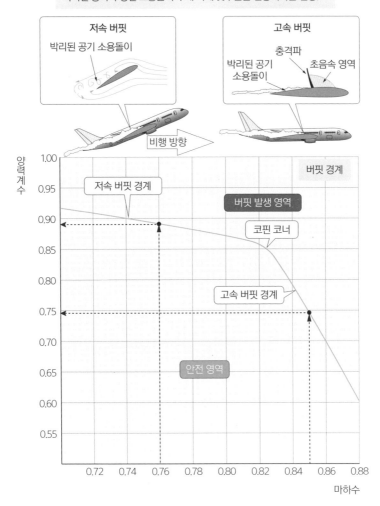

함을 알 수 있다. 하지만 버핏이 발생하는 양력계수와 비행 속도의 관계를 이론적으로 예측하기 어려우므로, 테스트 비행을 통해 버핏이 발생하는 양력계수와 마하수의 관계를 산출한다. 이 관계는 왼쪽 아래 그래프처럼 단순한 곡선으로 나타낼 수 있다. 또한, 코핀 코너란 두 버핏이 동시에 발생해 비행을 유지할 수 없는 무서운 지점이다.

이 그래프로부터 마하 0.85로 비행할 때 양력계수가 0.74 이상이 되도록 비행 자세를 취하면 고속 버핏이 발생하고, 마하 0.76에서는 양력계수가 0.88 이상이 되는 비행 자세에서 저속 버핏이 발생한다는 사실을 알

➤ 마하수와 양력계수의 변화 예시

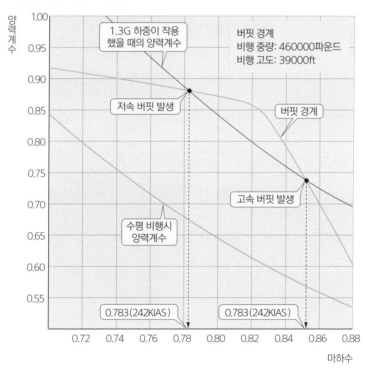

수 있다. 실제로 어떤 상황이 되면 양력계수가 버핏 경계에 도달해 버리는지 알아보자.

137쪽 아래 그래프는 중량 460000파운드로 최적 고도 이상인 39000ft를 비행할 때의 마하수와 양력계수의 변화를 보여준다. 수평 비행에서 양력계수의 변화를 보여주는 녹색 선은 경계와는 접하지 않으므로, 어떤 마하수에서도 버핏이 발생하지 않는다.

하지만, 수평 비행만이 아니라 돌풍 하중이 작용한 때도 생각해야만 한다. 수직 방향에서 돌풍을 맞으면 파일럿의 뜻과 달리 주 날개 영각이 돌발적으로 증가해 양력이 커지고, 이에 따라 하중이 작용한다. 이것이 돌풍 하중이다. 이 하중 배수는 과거 통계를 바탕으로 1.3G 및 1.5G로 상정한다. 예를 들어서 1.3G의 하중을 받았으면, 460000×1.3=598000파운드를 지탱하기 위한 양력계수가 된다. 그러므로 고도 39000ft에서 순항 중에 난기류에 휘말려서 1.3G의 하중이 작용하면, 마하 0.852에서 버핏이 발생할 우려가 있음을 알 수 있다.

게다가 선회 시에 작용하는 운동 하중도 생각할 필요가 있다. 통상적인 선회에서의 뱅크각이 30°면 1.15G의 하중이 작용한다. 그러므로 비행 하중 460000×1.15=529000파운드에서 버핏 마진을 조사할 필요가 있다.

오른쪽 위 그래프를 보면 최적 고도 37000ft에서는 1.5G의 마진이 없지만, 1.3G 및 선회 시의 마진은 충분히 충족한다는 사실을 알 수 있다. 또한, 고도 41000ft를 마하 0.85(253KIAS)로 비행하면, 통상적인 선회라도 마하 0.006, 지시대기속도 2노트밖에 마진이 없음을 알 수 있다.

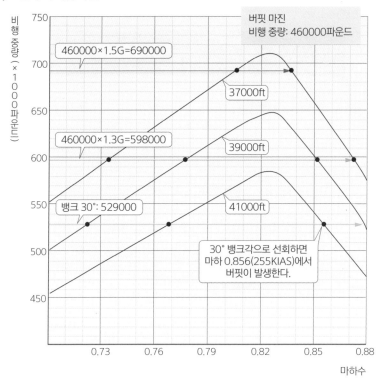

**▶ 선회 시 버핏 마진**

비행 중량 ( × 1000파운드 )

750

460000×1.5G=690000

버핏 마진
비행 중량: 460000파운드

700

37000ft

650

460000×1.3G=598000

39000ft

600

뱅크 30°: 529000

550

41000ft

500

30° 뱅크각으로 선회하면
마하 0.856(255KIAS)에서
버핏이 발생한다.

450

0.73    0.76    0.79    0.82    0.85    0.88

마하수

## 연료와 소비량이 같아지는 지점

긴급 사태가 발생했을 때, 목적지로 향할지 다른 공항으로 긴급 착륙할지
를 판단하기 위해 ETP(Equal Time Point)가 존재한다. ETP는 140쪽 위
그림처럼 어디로 향하더라도 비행시간이 같아지는, 즉 연료 소비량이 같
아지는 경로 위의 지점을 의미한다.

또한, 그림은 출발지부터 목적지까지의 ETP 사례이지만, 쌍발기의 장
거리 진출 순항(ETOPS 180) 적용 비행에서는 ETP에서 긴급 착륙하기까
지 180분을 넘어버리므로, 제한시간 내에 긴급 착륙할 수 있는 공항을 설

**➤ 연료 소비량이 같아지는 경로 위의 지점**

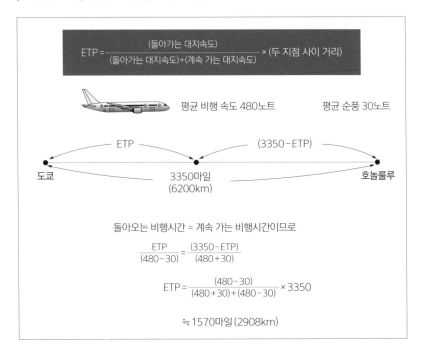

$$ETP = \frac{(돌아가는 대지속도)}{(돌아가는 대지속도)+(계속 가는 대지속도)} \times (두 지점 사이 거리)$$

평균 비행 속도 480노트     평균 순풍 30노트

ETP     (3350-ETP)

도쿄     3350마일
(6200km)     호놀룰루

돌아오는 비행시간 = 계속 가는 비행시간이므로

$$\frac{ETP}{(480-30)} = \frac{(3350-ETP)}{(480+30)}$$

$$ETP = \frac{(480-30)}{(480+30)+(480-30)} \times 3350$$

$$≒1570마일(2908km)$$

정해야만 한다.

그 예가 141쪽 그림이다. 그림처럼 쌍발기가 제한시간 60분 이내에 착
륙할 수 있는 공항에서 떨어진 지점인 EEP부터 EXP 사이가 ETOPS 180
적용 비행이 되므로, 도쿄·미드웨이 사이에 ETP1, 미드웨이·호놀룰루
사이에 ETP2처럼 두 군데 ETP를 설정해서 어떤 공항으로 긴급 착륙할
지를 판단하기 위한 기준으로 삼는다.

> 긴급 사태 시 착륙 공항 선택 과정 예시

EEP: ETOPS Entry Point
　　60분 제한을 넘는 ETOPS 적용 개시 입구 지점
EXP: ETOPS Exit Point
　　60분 이내에 도착 가능한 ETOPS 적용 종료 출구 지점
ETP: Equal Time Point
　　A공항과 B공항으로 가는 비행시간이 같아지는 항로 위의 지점

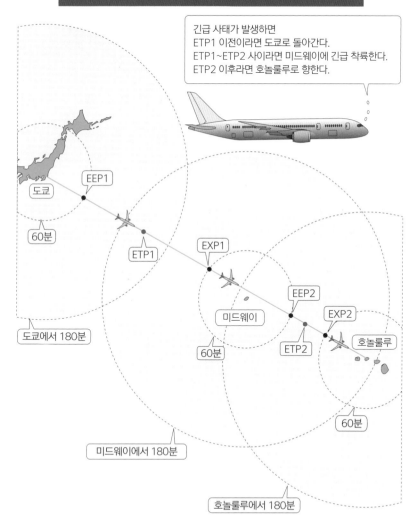

긴급 사태가 발생하면
ETP1 이전이라면 도쿄로 돌아간다.
ETP1~ETP2 사이라면 미드웨이에 긴급 착륙한다.
ETP2 이후라면 호놀룰루로 향한다.

도쿄　EEP1

60분

ETP1　EXP1

EEP2　EXP2

미드웨이　호놀룰루

도쿄에서 180분

60분

ETP2

60분

미드웨이에서 180분

호놀룰루에서 180분

## 운항 비행경로 제한과 드리프트 다운

순항 중에 엔진이 고장 나서 남은 엔진만으로 항력을 이겨낼 수 없을 때, 항력보다 큰 추력을 얻을 수 있는 고도까지 재빨리 강하하지 않으면 실속할 위험이 있다. 단, 예정 비행경로의 좌우 5마일 이내에 장애물이 존재한다면, 아래 그림과 같은 규정을 충족해야만 한다.

이 요구를 클리어하는 방법으로 남은 엔진을 최대 연속 추력에 세팅하고 최대 양항비, 즉 활공비가 최대가 되는 속도로 강하하는 드리프트 다운이 있다.

ETOPS 180 적용 운항에서 긴급 착륙할 때까지 180분을 넘어버리면, 장애물이 존재하지 않는 바다 위에서는 비행시간을 우선시해서 최대 운

▶ 운항 비행경로 제한 시 드리프트 다운 예시

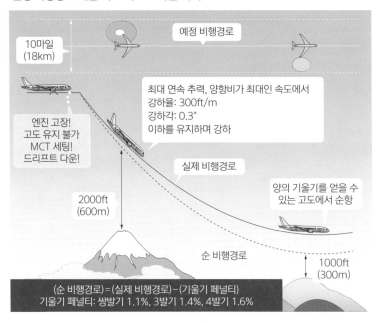

용 한계 속도에 가까운 속도로 강하해야 한다. 어느 쪽이든 양의 상승 기울기를 얻을 수 있는 고도까지 강하하지만, 항공기 운영교범에는 상승률 100ft/m 이상을 얻을 수 있는 고도로 기재돼 있다.

## 급감압에 따른 긴급 강하

높은 고도를 순항 중에 여압 장치 이상이나 기체 파손 등으로 급감압이 발생하면, 안전고도까지 긴급 강하해야만 한다. 예를 들어서, 기내 기압이 비행 고도 37000ft(11000m)와 같아지면 저산소증에 의해 45초 전후로

➤ 안전고도까지 긴급 강하 예시

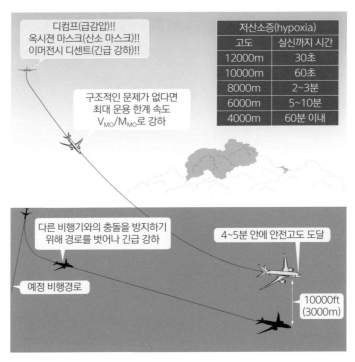

정신을 잃어버릴 위험이 있고 이때 바로 산소마스크를 착용해도 산소를 공급할 수 있는 시간에 제한(20분 전후)이 있다.

긴급 착륙까지의 연료 소비량 산출 기준으로 단번에 안전고도까지 강하해서 순항하는 방식, 또는 산소 공급 장치의 능력에 의해 단계적으로 고도를 내리면서 순항하는 방식이 있다. 어느 쪽이든 낮은 고도에서 순항하므로 연료 소비량이 증가한다.

## 가지고 다녀야 할 연료량

바다 위를 비행 중에 긴급 사태가 발생해서 긴급 착륙할 공항을 결정할 때는 ETP에 더해 남은 연료량이 중요해진다. 어떤 사태가 벌어져도 안전하게 착륙하기 위해 가지고 다녀야 할 연료량을 항공안전법과 운항기술기준에서 정하고 있다.

또한, 급감압으로 긴급 강하해서 산소 공급이 필요 없는 안전고도에서 비행하는 것은 엔진 고장 시보다 연료를 많이 소비하는 경향이 있지만, 오른쪽 그림에 명시한 ①의 양을 탑재하면 ②의 조건을 충족하는 경우가 많다.

# ➤ 가지고 다녀야 할 연료량

① (목적지 소비 연료) + (대체 공항 소비 연료)
  + (대체 공항에서 30분간 공중 대기 연료) = (불의의 사태를 고려한 연료)

② (긴급 착륙 소비 연료: 엔진 고장 또는 급감압 발생 중 많은 쪽)
  + (15분간 공중 대기 연료)

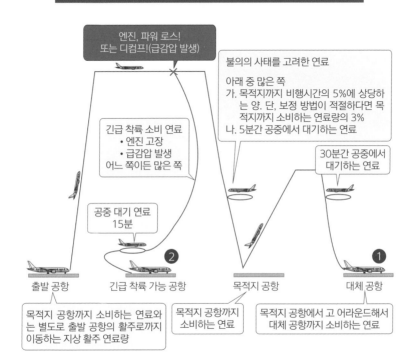

엔진, 파워 로스!
또는 디컴프!(급감압 발생)

불의의 사태를 고려한 연료

아래 중 많은 쪽
가. 목적지까지 비행시간의 5%에 상당하는 양. 단, 보정 방법이 적절하다면 목적지까지 소비하는 연료량의 3%
나. 5분간 공중에서 대기하는 연료

긴급 착륙 소비 연료
• 엔진 고장
• 급감압 발생
어느 쪽이든 많은 쪽

30분간 공중에서
대기하는 연료

공중 대기 연료
15분

❷

❶

출발 공항

긴급 착륙 가능 공항

목적지 공항

대체 공항

목적지 공항까지 소비하는 연료와는 별도로 출발 공항의 활주로까지 이동하는 지상 활주 연료량

목적지 공항까지
소비하는 연료

목적지 공항에서 고 어라운드해서
대체 공항까지 소비하는 연료

## 항공안전법 제53조

항공기를 운항하려는 자 또는 소유자 등은 항공기에 국토교통부령으로 정하는 양의 연료를 싣지 아니하고 항공기를 운항해서는 아니 된다.

## 고정익항공기를 위한 운항기술기준

8.1.9.15 계기비행방식 비행을 위한 최소연료탑재량(Minimum Fuel Supply for IFR Flights)

나. 운송사업용 비행기

  1) 운항증명소지자는 비행 전 요구되는 탑재연료량 산정은 다음사항을 포함하여야 한다.

    가) 지상활주연료(Taxi Fuel)

      이륙공항의 현지조건 및 보조동력장치(APU)의 연료소모량을 고려하여 이륙 전에 소모될 것으로 예측되는 연료

    나) 운항연료(Trip Fuel)

      항공기가 이륙부터 또는 비행중 재 비행계획 지점(point of in-flight re-planning)부터 나. 2)항의 운항조건을 고려하여 목적공항에 착륙할 때까지 요구되는 연료

    다) 보정연료(Contingency Fuel)

      예상치 못한 요인(unforeseen factor)에 대비하기 위한 연료로서 계획된 운항연료의 5퍼센트 또는 비행중 재 비행계획 지점(point of in-flight re-planning)에서 요구되는 운항연료의 5퍼센트에 해당하는 보정연료를 탑재할 수 있다. 다만, 항로상 교체공항(En-route Alternate)이 별표 8.1.9.13에서 정한 범위 내에 있는 경우 운항연료의 3퍼센트에 해당하는 보정연료를 탑재할 수 있다. 보정연료는

표준대기상태에서 목적공항 상공 450m(1500ft)에서 5분간 체공할 수 있는 양보다 적어서는 아니 된다.

주석) 예측치 못한 요인들(Unforeseen factors)은 목적공항까지의 연료소모에 영향을 미칠 수 있는 요인들로 예상연료 소모데이터와 각 비행기별 편차, 기상예보의 편차, 지연의 연장(지상 또는 공중), 계획된 항로·순항고도의 편차 등이다.

⋮

(중 략)

⋮

마) 최종예비연료(Final Reserve Fuel)

목적공항 또는 목적지 교체공항이 요구되지 않을 때 목적공항에 도착 시의 예상중량을 이용해 산정될 수 있는 연료로 다음과 같다.

① 왕복엔진 항공기의 경우, 순항속도 및 순항고도로 45분 비행할 수 있는 연료량

② 터빈엔진 항공기의 경우, 공항 450m(1500ft) 상공, 표준대기 상태에서 체공속도로 30분 동안 비행할 수 있는 연료량

# 연료 관리

뉴욕과 같이 북미 동해안을 향하는 비행은 NOPAC(North Pacific의 약어. 노팩이라 발음한다.)이라 부르는 북태평양에 설치한 경로를 많이 이용한다.

이 경로의 위치 통보 지점에서 'XX787, PASRO 1319, Flight Level 370, Estimating POWAL 1345, PLADO Next, Fuel Remaining 128.5, Minus52, 280 Diagonal 35'(XX787편은 PASRO를 13:19에 통과, 플라이트 레벨 370, POWAL 통과 예정 시각은 13:45, 그다음은 PLADO, 남은 연료 128500파운드, 외기 온도 52℃, 바람 280°에서 35노트)와 같은 내용을 관제기관에 통보한다. 위성 데이터 링크 통신이 보급돼, 음성이 아닌 데이터 통신으로 통보하는 것이 주류다.

이런 위치 보고에서 중요한 것은 웨이포인트에서의 실제 잔여 연료량과 내비게이션 로그에 기재된 계획 잔여 연료량를 비교하는 것이다. 내비게이션 로그란 비행기 성능 데이터 및 세계 공역 예보센터(WAFC. World Area Forecast Center)가 내보내는 상층 바람과 외기 온도 등의 기상 데이터를 바탕으로 작성한 비행 계획 경로, 비행 속도, 비행 고도, 각 웨이포인트 사이의 소요 시간, 잔여 연료량 등을 기재한 서류다.

WAFC의 기상 데이터는 매우 정확해서, 계획대로 비행하면 로그와 실제 잔여 연료량에 큰 차이가 생기지 않는다. 하지만 NOPAC은 세계 유수의 혼잡 경로이므로, 계획한 고도와 속도로 비행할 수 없게 되거나 적란운 같은 경로 위의 악천후를 우회하면, 실제 잔여 연료량이 계획보다 적어지는 경우도 생긴다. 그 차이가 '예상치 못한 요인을 고려한 양' 이내인지 확인하는 것이 중요하다.

제6장

# 다시 지상으로 강하하다
## DESCENT

## 강하

### 강하 개시 지점 산출

목적지 공항에 효율적으로 진입해서 착륙하려면, 순항고도에서 강하를 개시하는 지점이 중요하다. 단, 지상 장애물이나 다른 비행기와의 간격을 유지하기 위해 진입 경로 위에는 고도와 속도를 제한하는 특정 지점이 설정돼 있다. 그 지점을 강하 종료 지점(E/D. End of Descent Point)으로 설정해서 강하 개시 지점(T/D. Top of Descent Point)을 산출한다.

▶ 강하 개시 지점까지 거리 예시

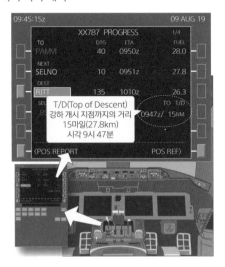

> 강하 개시 지점 산출 예시

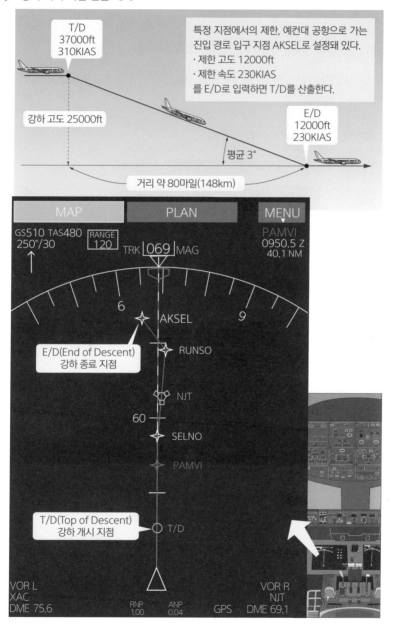

T/D
37000ft
310KIAS

특정 지점에서의 제한, 예컨대 공항으로 가는
진입 경로 입구 지점 AKSEL로 설정돼 있다.
· 제한 고도 12000ft
· 제한 속도 230KIAS
를 E/D로 입력하면 T/D를 산출한다.

강하 고도 25000ft

E/D
12000ft
230KIAS

평균 3°

거리 약 80마일(148km)

MAP          PLAN          MENU

GS510 TAS480
250°/30
RANGE
120
TRK 069 MAG
PAMVI
0950.5 Z
40.1 NM

6                    9

AKSEL

E/D(End of Descent)
강하 종료 지점
RUNSO

NJT

60
SELNO

PAMVI

T/D(Top of Descent)
강하 개시 지점
T/D

VOR L
XAC
DME 75.6
RNP
1.00
ANP
0.04
GPS
VOR R
NJT
DME 69.1

## 강하 개시

T/D에 도달하면 오토스로틀은 스러스트 레버를 아이들까지 줄여서 'HLD' 모드가 된다. VNAV는 고도 유지 기능에서 강하 경로 유지 기능인 'VNAV PTH' 모드가 되며 기수 내림 자세를 취해 강하를 개시한다.

➤ 강하 중 PFD가 표시하는 비행기 자세

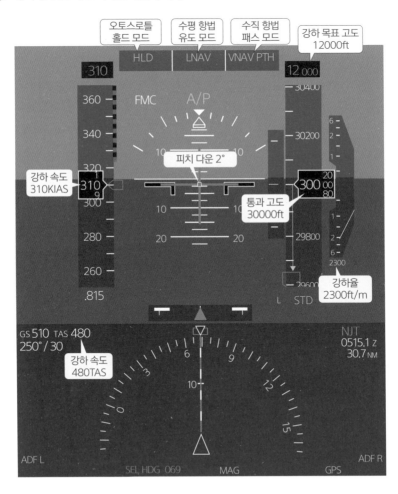

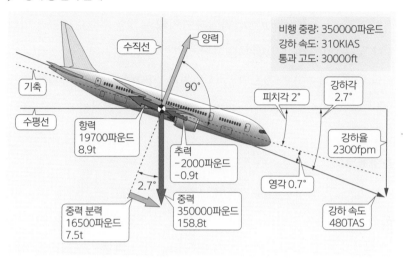

LNAV는 수평 방향 유도 모드를 유지한다.

PFD(Primary Flight Display)는 2° 기수 내림 자세, 지시대기속도 310노트, 강하율 2300ft/m으로 고도 30000ft를 통과하는 것을 보여준다. PFD가 표시하는 비행기 자세를 조종석 밖에서 관찰한 것이 위 그림이다. 이 그림을 참고해서 강하 중 힘의 관계를 알아보자.

순항고도까지 상승하기 위해 엔진이 소비한 에너지는 위치에너지로 보존되므로 강하할 때는 엔진 추력이 필요 없다. 엔진 출력은 아이들 위치에 있고, 엔진이 빨아들인 공기의 속도(비행 속도) 이상의 속도로는 분출할 수 없다. 빨아들인 공기를 운동시키지 않기 때문에 순추력이 발생하지 않는다. 오히려 그림에서 보듯 마이너스 추력(-0.9t), 즉 항력이 돼 버린다. 자동차가 비탈길을 내려갈 때 엔진 브레이크와 같은 역할을 하는 것이다.

추력을 담당하는 것은 엔진이 아니라, 기체가 기울어져서 발생하는 중력의 분력(7.5t)이다. 참고로 글라이더도 자체 무게를 추력으로 삼아 비행한다. 다시 비행기로 돌아가서, 이 추력 7.5t에 대해 진행을 방해하는 항력의 합계는 8.9+0.9 = 9.8t으로 더 커진다. 지시대기속도를 유지해서 강하하면 진대기속도(TAS)가 느려지는, 즉 감속하면서 강하하기 때문이다.

## 강하 방식

강하 방식은 예컨대 0.85M/310KIAS/250KIAS처럼 표시한다. 먼저 마하수를 유지해서 강하를 개시하고, 어떤 고도 이하가 되면 지시대기속도를 일정하게 유지해서 강하를 계속하다가, 진입 관제구에 들어가 고도

➤ 강하 방식 예시(0.85M/310KIAS/ 250KIAS)

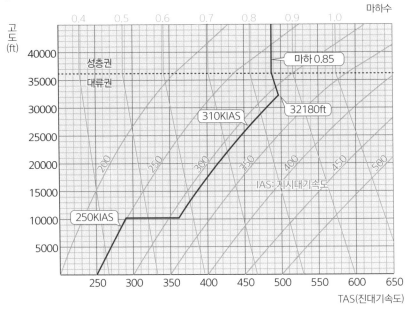

**▶ 다양한 강하 방식 예시**

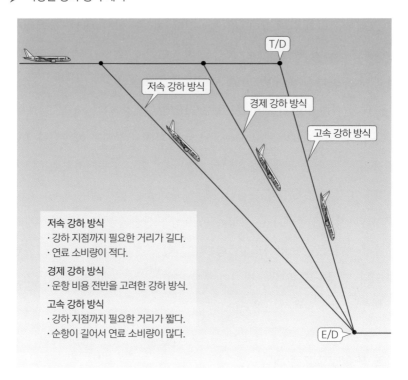

T/D

저속 강하 방식

경제 강하 방식

고속 강하 방식

**저속 강하 방식**
· 강하 지점까지 필요한 거리가 길다.
· 연료 소비량이 적다.

**경제 강하 방식**
· 운항 비용 전반을 고려한 강하 방식.

**고속 강하 방식**
· 강하 지점까지 필요한 거리가 짧다.
· 순항이 길어서 연료 소비량이 많다.

E/D

10000ft 이하가 되면 제어속도 250노트를 준수해서 강하하는 과정을 거친다. 왜 이런 식의 강하 방식을 취하는지 생각해 보자.

0.85M/310KIAS/ 250KIAS로 강하하는 방식은 왼쪽 아래 그림에 있는 짙은 파란색으로 그린 선처럼 된다. 성층권 내에서는 외기 온도가 −56.5℃로 일정하므로 음속도 574노트에서 변하지 않는다. 그래서 마하 0.85를 유지해서 강하하면 TAS=574×0.85=488노트로 일정하게 강하, 즉 정속 강하를 하게 되므로 강하율은 거의 일정하다.

대류권에 들어오면 강하와 함께 외기 온도가 상승해서 음속이 빨라지므로, 마하 0.85로 일정하게 강하하면 TAS는 빨라져서 가속 강하하게 된다. 그래서 강하와 함께 강하율은 높아진다. 게다가 마하 0.85를 유지해서 강하하면 TAS가 빨라지므로, 동압을 기준으로 한 속도인 IAS도 빨라져서 최대 운용 한계 속도(VMO)를 넘어버릴 우려가 있다.

그래서 마하 0.85와 지시대기속도 310노트가 같아지는 고도 32180ft 이하가 되면 마하 0.85에서 310KIAS로 전환해서 강하를 계속한다. IAS를 유지, 즉 동압을 유지하면 강하와 함께 공기 밀도가 증가하므로 TAS가 느려져서 감속 강하이 되고, 강하와 함께 강하율은 낮아진다.

지금까지 설명한 내용은 강하에 관한 성능 산출을 위한 표준적인 강하 방식의 예이지만, 이 밖에도 155쪽 그림처럼 크게 세 가지 방식으로 나눌 수 있다. 현재는 경제 강하 방식이 주류이지만, 강하 경로 위의 기상 조건 등 비행 상황에 맞춰서 운용한다.

## 착륙 공항의 표고로 세팅

한국과 일본에서는 강하할 때 고도 14000ft 미만이 되면 기압고도계를 QNE(표준 대기압면 1013.2hPa부터의 고도)에서 QNH(착륙 공항의 표고)로 세팅하고 콜아웃해서 상호 확인한다.

한국과 일본·미국에서는 강하·상승 모두 같은 고도에서 고도계 세팅을 시행하지만, 오른쪽 위 그림처럼 강하 시 전이 레벨을 통과할 때 QNH, 상승 시 전이 고도를 통과할 때 QNE로 전환하는 방식을 채택하는 나라가 많다.

이처럼 고도계 세팅이 나라에 따라 다르므로, 관제 지시 등을 주의할 필요가 있다. 예를 들자면, 한국이나 일본에서는 "10000ft까지 강하하라."

➤ 지역별 고도계 세팅

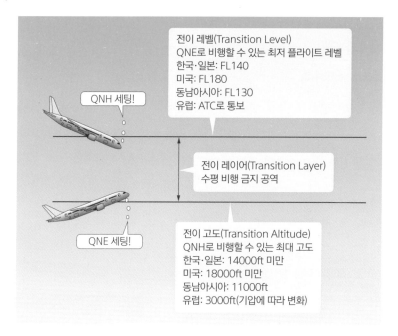

고 하지만, 유럽에서는 "플라이트 레벨 100까지 강하하라."라고 한다. 그러므로 강하 전 브리핑에서 확인하는 것이 중요하다.

## 스피드 브레이크와 오토브레이크 작동 준비

강하 전 브리핑에서는 착륙을 위한 스피드 브레이크와 오토브레이크 작동 준비 확인도 중요하다.

DOWN 위치에 있는 스피드 브레이크 레버를 당겨 올린 후 슬라이드해서 ARMED 위치에 세팅한다. 이 조작을 하면 접지 후에 스러스트 레버를 아이들로 해서 모든 스포일러가 자동으로 올라갈 준비를 한다. 또한,

ARMED 위치에 두지 않아도 리버스 스러스트 레버를 당겨 올리면 자동으로 모든 스포일러가 올라간다. 항력을 증가시킬 뿐만 아니라 양력을 감소시켜서 비행 중량을 타이어에 맡겨 오토브레이크의 효과를 좋게 만드는 것이 목적이다.

오토브레이크는 착륙 중량, 활주로 상태를 참고해서 감속률을 선택한다. 접지 후에 타이어 회전을 감지하면 자동으로 전동식 브레이크가 작동하지만, 전륜에는 장착돼 있지 않다.

➤ 오토브레이크 작동 방법

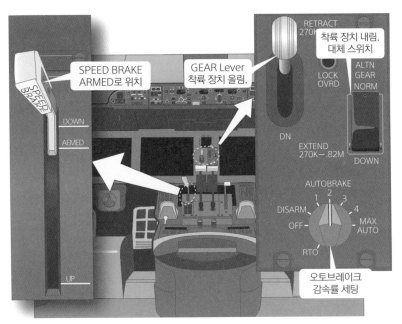

## 관제기관으로부터 지시 - 우선회 침로 120°

순항 중에는 FMS의 데이터베이스를 바탕으로 한 오토파일럿 제어를 하지만, 목적지 공항에 가까워짐에 따라 기수 방위나 속도, 고도 변경이 많아지므로, FMS가 아닌 파일럿이 MCP(Mode Control Panel)를 조작해 오토파일럿을 제어한다.

그러면 실제 조작을 살펴보자. 12000ft를 유지해서 비행 중에 ATC(관제기관)로부터 "TURN RIGHT HEADING 120, REDUCE SPEED TO 230."(우선회 침로 120°, 230노트로 감속)이라는 지시가 있었다면, IAS/MACH 셀렉터로 230노트에 설정한다. 그리고 Heading 셀렉터의 SEL 스위치를 눌러서 롤 모드를 LNAV 모드에서 헤딩 모드로 전환하고 기수 방위를 120°로 설정한다. 그러면 오토파일럿 제어는 FMS에서 MCP로 바뀌고, 고도 12000ft를 유지하면서 기수 방위 120°를 향해 우선회를 개시한다.

기수 방위, 속도, 고도 변경은 FMS의 입력 제어 장치 CDU(Control Display Unit)에서도 가능하지만, 부기장이 컨트롤 스탠드에 설치된 CDU를 조작하려면 머리를 숙여서 기장의 확인을 얻은 후 입력하는 과정을 거쳐야 한다. 공항 주변 및 저고도에서 특히 기수 방위를 변경할 때는 계기류 모니터와 외부 감시가 중요하므로 가능한 한 머리를 숙이는 자세는 피해야 한다.

FMS와 달리 MCP는 파일럿의 외부 감시 눈높이에 있는 중앙 글레어실드에 설치돼 있으므로, 선회하는 방향에 대한 외부 감시와 계기류 확인을 계속하면서 지시에 대해 민첩하게 대응할 수 있다.

➤ 우선회 침로 시 오토파일럿 제어 예시

MCP(Mode Control Panel)

IAS/MACH 셀렉터:
노브로 230KIAS에 세팅

Heading/Track 셀렉터:
SEL로 기수 방위를
120°에 세팅

Altitude 셀렉터:
12000ft에 세팅
HOLD(고도 유지) ON

오토스로틀 모드
속도 유지 기능

롤(옆질) 모드
HDG 셀렉터 제어

피치(뒷질) 모드
고도 유지 기능

SPD    HDG SEL    ALT

우측 뱅크각 30°

FMC    A/P

속도 230KIAS

고도 12000ft

GS 274 TAS 274
250° / 05

XAC
0520.1z
24.0NM

기수 방위 120°를 향해
오른쪽으로 선회 중

ADF L

SEL HDG 069    MAG    GPS

ADF R

## 선회

부기장의 "라이트 사이드, 클리어."(우측 공역에 비행기와 적란운 등 비행을 방해하는 것 없음.)라는 콜을 확인한다. 그 다음 HDG 셀렉터를 오른쪽으로 돌리면 왼쪽 플래퍼론이 내려가고, 오른쪽 플래퍼론이 올라가면서 오른쪽 스포일러가 일어난다. 왼쪽 주 날개에 발생하는 양력이 오른쪽 주 날개보다 커져서 오른쪽 롤링 모멘트가 생기는 것과 동시에 우익의 항력이 좌익보다 커지므로, 오른쪽으로 기울어지면서 기수를 오른쪽으로 돌려서 우선회를 시작한다.

비행기의 선회는 선박의 러더(방향타)를 조작하는 것과는 다름을 알 수 있다. 이륙을 설명한 제3장에서 알아본 바와 같이 선회를 할 때는 역 빗놀이(역 요잉)가 발생하지 않도록 대책을 세운다. 소형 비행기에서는 러더를 보조적으로 조작해야 하지만, 대형 여객기에서는 에일러론과 플래퍼론과 연동해서 작동하는 스포일러를 사용한다. 그 이유는 양력 차이와 항력 차이를 만들면 역 빗놀이를 방지하면서 균형 잡힌 선회를 효율적으로 할 수 있기 때문이다.

쌍을 이루는 주 날개와 달리 기체 뒷부분에 단독으로 서 있는 수직꼬리날개는 작용하는 응력을 상쇄할 능력이 없다. 따라서 고속 비행을 하는 도중에 러더 조작을 하면 기체에 비틀림 응력이 작용하는 강도 측면의 문제가 발생하기도 한다.

조종석 밖에서 선회 중인 비행기를 관찰하면 원운동을 하는 것을 알 수 있다. 원운동을 하려면 비행 속도의 방향을 변화시키는 힘, 즉 원 중심 방향으로 잡아당기는 힘인 항심력이 필요하므로, 163쪽 그림처럼 비행기를 기울여서 발생시킨 양력의 수평 성분을 향심력으로 사용한다.

한편, 조종석에서는 원심력을 느낀다. 원심력은 원운동하는 현장에 나타나는 '겉보기 힘'(관성력)이며 크기는 향심력과 같지만, 방향이 반대라서 원 중심으로부터 멀어지는 방향으로 작용한다. 조종석에서는 원심력에 뒤지지 않도록 비행기를 기울이고 그 결과, 원심력과 중력의 합력이 큰 힘으로 비행기에 작용한다. 이런 합력이 중력의 몇 배인지를 나타내는 하중 배수는 속도와 중량과 관계없이 뱅크각에 의해서만 결정된다.

## 선회 반경과 소요 시간 계산

여기서 공중 대기를 예로 들어서 선회 반경과 소요 시간을 구해보자. 표준 대기 경로는 1분간 직진 후 180° 선회하고 다시 1분간 직진, 180° 선회하면 한 바퀴가 된다. 먼저, 180° 선회할 때의 선회 반경을 계산해 보자. 구하고 싶은 선회 반경이 포함된 향심력과 양력의 수평 성분이 같다는 관계로부터 선회 반경 식을 유도할 수 있다. 이 식에서 선회 반경은 비행 속도(진대기속도)만으로 정해지는 것을 알 수 있다.

비행 고도 12000ft, 지시대기속도 230KIAS에서의 진대기속도는 274노트가 되지만, 노트를 ft/s로 단위를 환산해서 구한 462를 대입하면 선회 반경은 1.9마일이라고 구할 수 있다.

다음으로, 180° 선회에 필요한 시간을 계산해 보자. 단위 시간 동안 회전하는 각도를 의미하는 각속도를 $\omega$라고 하면, 반경 r로 회전할 때의 회전속도 V는 $\omega \times r$이 된다. 이 식에 선회 반경 r의 식을 대입하면, 164쪽에 있는 각속도 식을 유도할 수 있다. 이 식으로부터 180° 선회하는 시

### ➤ 향심력과 원심력

(양력 수평 성분)=(원심력)이므로

$$L \cdot \sin\varPhi = \frac{W}{g^*} \cdot \frac{V^2}{r}$$

(비행 중량)=(양력의 수직 성분)이므로

$$W = L \cdot \cos\varPhi$$

따라서 선회 반경 r은

$$r = \frac{V^2}{g \cdot \tan\varPhi}$$

각속도 ω와 속도 V의 관계 V=r·ω이므로

$$\omega = \frac{g \cdot \tan\varPhi}{V}$$

하중 배수 $n = \dfrac{\text{겉보기 비행 중량}}{\text{실제 비행 중량}}$ 이므로

$$n = \frac{1}{\cos\varPhi}$$

＊ g: 중력가속도

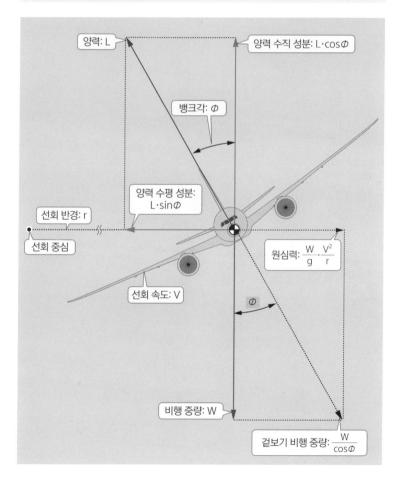

양력: L
양력 수직 성분: L·cosΦ
뱅크각: Φ
양력 수평 성분: L·sinΦ
선회 반경: r
선회 중심
원심력: $\dfrac{W}{g} \cdot \dfrac{V^2}{r}$
선회 속도: V
Φ
비행 중량: W
겉보기 비행 중량: $\dfrac{W}{\cos\varPhi}$

비행 중량: 350000파운드(158.8t)
뱅크각: 30°
공중 대기 고도: 12000ft
공중 대기 속도: 230 KIAS=274 TAS(462ft/sec, 141m/sec)
중력가속도g: 32.174ft/sec2 (9.8m/sec²)

선회 반경 $= \dfrac{V^2}{g \cdot \tan30°}$

$\qquad = \dfrac{462^2}{32.174 \times 0.577}$

$\qquad = 11500\text{ft}$

$\qquad = 1.9\text{마일}(3,505\text{m})$

각속도 $= \dfrac{V}{r} = \dfrac{g \cdot \tan30°}{V}$

$\qquad = \dfrac{32.174 \times 0.577}{462}$

$\qquad = 0.0402\text{라디안/sec}$

$\qquad = 0.0402 \times 57.3$

$\qquad = 2.3°/\text{sec}$

양력계수 성분 $= L \cdot \sin30°$

$\qquad = 350000 \times 1.154 \times 0.5$

$\qquad = 202000\text{파운드}(91.6\text{t})$

항심력 $= \dfrac{W}{g} \cdot \dfrac{V^2}{r}$

$\qquad = \dfrac{350000 \times 462^2}{32.174 \times 11500}$

$\qquad = 202000\text{파운드}(91.6\text{t})$

하중 배수 $= \dfrac{1}{\cos30°}$

$\qquad = 1.154$

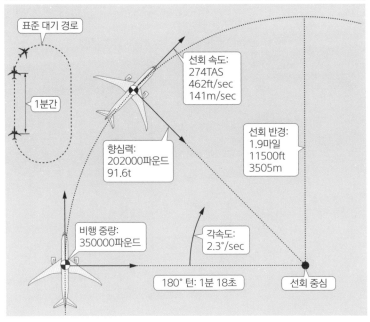

표준 대기 경로

1분간

선회 속도:
274TAS
462ft/sec
141m/sec

선회 반경:
1.9마일
11500ft
3505m

항심력:
202000파운드
91.6t

비행 중량:
350000파운드

각속도:
2.3°/sec

선회 중심

180° 턴: 1분 18초

간은 180÷2.3=78초인 것을 알 수 있다. 또, 원주=지름×원주율이므로, 원주의 절반인 11500×3.14=36100ft를 선회 속도 462ft/s로 회전하면, 36100÷462=78초라는 소요시간이 나오므로 앞과 결과가 같다.

이런 결과로부터 표준 대기 경로 한 바퀴에 필요한 시간은 직진 구간 합계 2분에 선회하는 시간인 78초×2=2분 36초를 더한 4분 36초이다.

# 적란운

통상적인 운항에서는 T/D(강하 개시 지점)에서 강하를 개시하지만, 아래 그림처럼 발달한 적란운이 강하 경로 위에 있어서 우회할 수 없게 되는 경우도 있다. 이럴 때는 적란운의 상공을 통과한 후에 강하를 개시하기도 한다.

적란운에 들어가면 상승기류와 하강기류를 동반하는 난기류 때문에 때로는 조종 불능 상태가 될 정도로 흔들리거나 대전, 낙뢰, 강우, 우박, 착빙 등 운항에 큰 영향을 미치는 상황을 예상할 수 있다.

그래서 파일럿은 비행기에 탑재된 기상 레이더가 아닌 다른 경로로 적란운에 관한 정보를 얻는 것이 중요하다. 구름의 높이와 같은 관한 정확한 정보는 그 부근을 통과한 파일럿의 보고나 회사, 항공 교통기관에서도 얻을 수 있다. 그런 정보를 얻어서 비행경로 변경이나 강하 개시 지점을 결정한다.

➤ 적란운에 관한 정보 예시

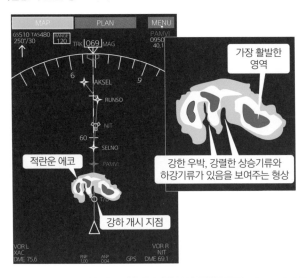

제7장

# 진입하고 착륙하다
## APPROACH & LANDING

## 진입 허가

"Turn left heading 320, cleared for ILS runway 34R approach."(기수 방위
를 320°로 향해서 활주로 34R에 계기 진입 방식 ILS에 의한 진입을 허가합니다.)
와 같은 지시를 받고, 좌측 공역에 다른 비행기나 장애물이 없는 것을 확
인하고 나서 HDG 셀렉터가 320이 될 때까지 왼쪽으로 세팅하고, MCP
의 APP 스위치를 누른다.

ILS(계기 착륙 시스템)가 발신하는 활주로의 정확한 진입 방향을 지시
하는 LOC(로컬라이저)의 전파를 캡처(포착)하기 쉬운 방위인 320°를 목
표로 선회를 개시한다. LOC를 캡처하면 오토파일럿은 활주로 34R에 진
입하는 방위 337°를 유지하도록 유도한다. 그리고 착륙 예정 지점을 기점

➤ 진입 준비 예시

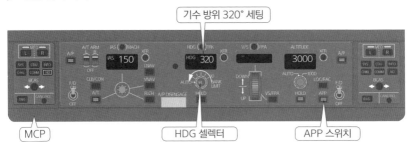

## ➤ 진입 허가 후 자동 착륙 준비

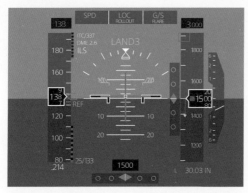

전파고도계가 1500ft 이하가 되면 플레어와 롤 아웃이 작동 준비 완료되고, 자동 착륙(오토랜딩) 준비가 갖춰진다.

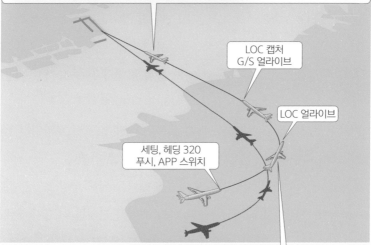

LOC 캡처
G/S 얼라이브

LOC 얼라이브

세팅, 헤딩 320
푸시, APP 스위치

지시받은 방위 320°를 향해 뱅크각 20°로 선회를 표시.

　LOC를 수신하면 나타나는 마름모꼴 심볼이 움직이는 것을 확인하고 'LOC 얼라이브'라고 호출한다.

　이들 마름모꼴 심볼은 중심에 가까워지면 마젠타(적자색)로 칠해진다.

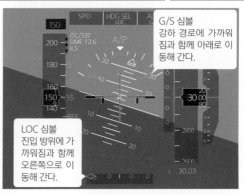

G/S 심볼
강하 경로에 가까워짐과 함께 아래로 이동해 간다.

LOC 심볼
진입 방위에 가까워짐과 함께 오른쪽으로 이동해 간다.

으로 수직 방향 진입 경로를 지시하는 G/S(글라이드 슬로프)를 캡처하면 자동으로 진입각 3°로 강하를 개시한다.

LOC와 G/S의 상태를 보여주는 마름모꼴 심볼이 움직이는 시점에 "LOC 얼라이브", "G/S 얼라이브"라고 콜해야 한다. 또한, ILS를 수신하려면 미리 FMS의 데이터베이스 안에 있는 착륙 활주로를 선택해 둔다.

## 자동 착륙(오토랜딩)

자동 착륙하려면 ILS의 오토파일럿, 오토스로틀, 전파고도계, FMS 등이 필요하다. PFD의 플라이트 모드 표시 변화를 참고하며 자동 착륙까지의 과정을 확인해 보자.

LOC, G/S를 캡처하고 활주로 자기 방위 진입각 3°를 유지하며 강하를 계속하다가 전파고도계가 1500ft 이하가 되면, 롤 아웃과 플레어가 작동 준비 완료되었음을 의미하는 백색 표시로 바뀐다. 또, 오토파일럿 상태는 A/P에서 자동 착륙 가능 모드인 LAND3 표시로 바뀐다.

강하를 더 계속해서 50ft 전후가 되면 플레어를 위한 당김 조작을 개시하고 동시에 스러스트 레버를 아이들까지 조여서 접지한다. 접지 후에는 활주로 중심선을 유지하면서 감속한다. 그리고 활주로에서 유도로로 들어가기 전에는 오토브레이크와 오토파일럿을 꺼야 한다.

## 계기 착륙 시스템(ILS)

ILS는 지향성 전파를 사용해서 정밀한 진입을 가능하게 해주는 세계 표준 방식이며, 1950년부터 운용되고 있다. 지상 시설은 174쪽 그림에 있는 로컬라이저, 글라이드 슬로프, 마커 비컨 외에 접지대등, 활주로 중심선

➤ PFD의 플라이트 모드 표시 변화(1500ft 이하)

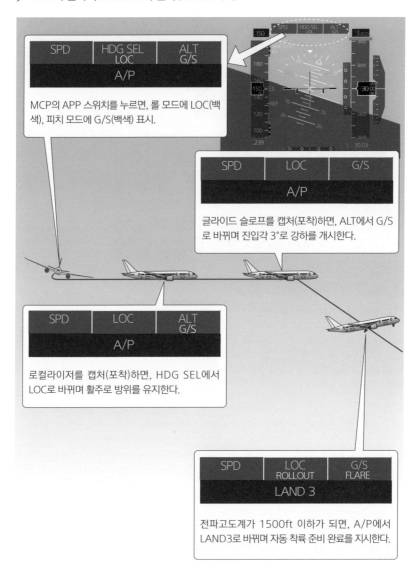

| SPD | HDG SEL LOC | ALT G/S |
|---|---|---|
| A/P | | |

MCP의 APP 스위치를 누르면, 롤 모드에 LOC(백색), 피치 모드에 G/S(백색) 표시.

| SPD | LOC | G/S |
|---|---|---|
| A/P | | |

글라이드 슬로프를 캡처(포착)하면, ALT에서 G/S로 바뀌며 진입각 3°로 강하를 개시한다.

| SPD | LOC | ALT G/S |
|---|---|---|
| A/P | | |

로컬라이저를 캡처(포착)하면, HDG SEL에서 LOC로 바뀌며 활주로 방위를 유지한다.

| SPD | LOC ROLLOUT | G/S FLARE |
|---|---|---|
| LAND 3 | | |

전파고도계가 1500ft 이하가 되면, A/P에서 LAND3로 바뀌며 자동 착륙 준비 완료를 지시한다.

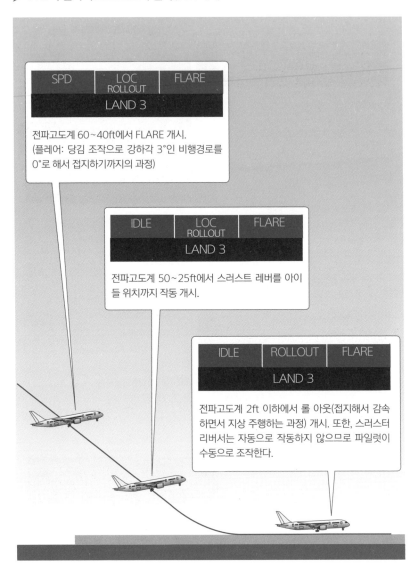

| SPD | LOC ROLLOUT | FLARE |
|---|---|---|
| | LAND 3 | |

전파고도계 60~40ft에서 FLARE 개시.
(플레어: 당김 조작으로 강하각 3°인 비행경로를
0°로 해서 접지하기까지의 과정)

| IDLE | LOC ROLLOUT | FLARE |
|---|---|---|
| | LAND 3 | |

전파고도계 50~25ft에서 스러스트 레버를 아이
들 위치까지 작동 개시.

| IDLE | ROLLOUT | FLARE |
|---|---|---|
| | LAND 3 | |

전파고도계 2ft 이하에서 롤 아웃(접지해서 감속
하면서 지상 주행하는 과정) 개시. 또한, 스러스터
리버서는 자동으로 작동하지 않으므로 파일럿이
수동으로 조작한다.

등, 표준식 진입등, 활주로 시정거리 측정기 등 ILS 카테고리에 따른 설정 기준이 있다. ILS 카테고리는 진입 한계(고도와 지점)를 설정하기 위해 지상 시설만이 아니라 비행기 장치의 정확도와 파일럿의 자격 등에 따라 카테고리 I, II, IIIa, IIIb, IIIc의 다섯 단계로 나눠진다.

로컬라이저는 활주로 중심선에서 왼쪽에 90Hz, 오른쪽에 150Hz처럼 변조도가 다른 전파를 발신해 수평 방향 진입 경로로 정밀하게 비행기를 유도하는 장치다. 변조란 신호를 전송하는 반송파를 신호에 대응한 진폭, 주파수, 위상으로 변화시키는 것이다. 변조 정도를 나타내는 것이 변조도다. 이 변조도 차이가 제로라면 중심선을 비행하고 있다는 뜻이다. 예를 들어서 비행기 수신장치가 150Hz 성분을 우세하게 수신하면 중심선 오른쪽이라고 판단하고, PFD 롤 바는 변조도 차이에 따라 왼쪽으로 수정 지시를 보낸다.

글라이드 슬로프는 수직 방향 진입 경로에서 위쪽으로 90Hz, 아래쪽으로 150Hz인 전파를 발신하는 장치다. 예를 들어서 150Hz가 우세하면, 진입 경로 아래쪽을 비행하고 있는 것을 의미하며, PFD 피치 바는 변조도 차이에 따라 상승 지시를 한다.

마커 비컨은 활주로에서 특정 거리에 도달했음을 알리기 위한 전파를 위쪽으로 방사하는 시설이다. 해상처럼 설치가 어렵거나 DME(거리 측정 장치)가 설치돼 있으면 설치하지 않는 공항도 있다. 이너 마커는 ILS 카테고리 II 운항에만 필요한 비컨이다.

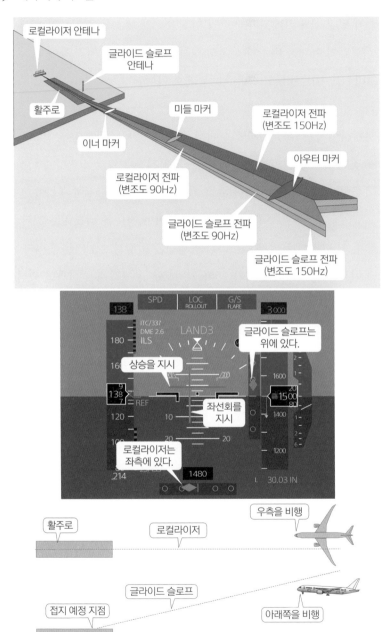

➤ 계기 착륙 시스템

로컬라이저 안테나

글라이드 슬로프
안테나

활주로

미들 마커

로컬라이저 전파
(변조도 150Hz)

이너 마커

아우터 마커

로컬라이저 전파
(변조도 90Hz)

글라이드 슬로프 전파
(변조도 90Hz)

글라이드 슬로프 전파
(변조도 150Hz)

글라이드 슬로프는
위에 있다.

상승을 지시

좌선회를
지시

로컬라이저는
좌측에 있다.

활주로

로컬라이저

우측을 비행

글라이드 슬로프

접지 예정 지점

아래쪽을 비행

## 진입할 때 힘의 균형

176쪽 위 그림은 지시대기속도 138노트를 유지하면서 1.5° 기수 들림 자세를 취하고, 강하율 750ft/m으로 진입각 3°인 경로 위 고도 1500ft를 통과했을 때의 PFD 표시 내용을 나타낸 것이다. 그림에서 기압고도계가 전파고도계와 같은 1500ft인 이유는 하네다 공항 활주로 34R은 착륙 직전까지 해상에서 비행해야 하기 때문이다. QNH으로 세팅한 기압고도계가 보여주는 고도(Altitude)와 전파로 측정한 절대적인 높이(Height)가 일치하는 것을 보여준다.

힘의 균형을 보여주는 176쪽 아래 그림을 보자. 그림처럼 순항고도에서 강하하는 것과 달리 진입 강하에서는 기수 들림 자세를 취한다. 주 날개 영각을 크게 만들 필요가 있기 때문이다. 플랩을 착륙 위치에 두는 것만이 아니라, 진입각 3°에 대해 기수 들림 자세 1.5°로 만들면 영각이 4.5°가 되고 양력계수가 약 1.3으로 커진다. 즉 주 날개에 작용하는 동압을 1.3배로 만드는 아이디어로 비행기 무게를 유지하는 양력을 얻는 것이다. 참고로 고속 비행을 하는 순항 중 양력계수는 0.3~0.4 정도다.

3°인 진입각을 유지한 강하는 플랩 착륙 위치나 기수 들림 자세 때문만이 아니라, 착륙 장치를 내리기 때문에 항력이 커진다. 그래서 순항고도에서 강하하듯 아이들 추력이 되는 것이 아니라, 순항을 할 때와 비슷한 추력 설정이 된다.

전진하는 힘인 추력과 비행 중량 분력의 합력은 항력과 크기가 같다. 순항고도에서 강하하는 것은 감속 강하이지만, 낮은 고도에서의 지시대기속도는 진대기속도와 거의 같아서 정속 강하를 하기 때문이다.

➤ 진입 시 PFD 표시 내용과 힘의 균형

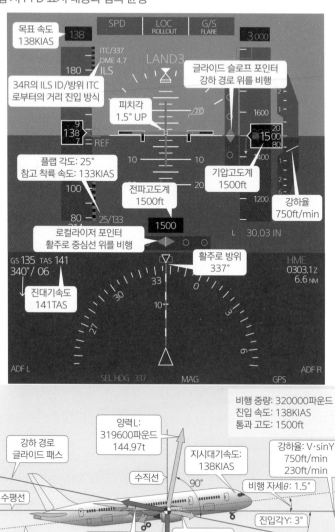

목표 속도
138KIAS

SPD    LOC    G/S
       ROLLOUT  FLARE

3 000

ITC/337
DME 4.7
LAND3
180 — ILS

글라이드 슬로프 포인터
강하 경로 위를 비행

34R의 ILS ID/방위 ITC
로부터의 거리 진입 방식

피치각
1.5° UP

10

1600

138
7   REF

15 00
80

플랩 각도: 25°
참고 착륙 속도: 133KIAS

10        10

1400

기압고도계
1500ft

100

20

전파고도계
1500ft

1200

강하율
750ft/min

80   25/133
214

1500

L  30.03 IN

로컬라이저 포인터
활주로 중심선 위를 비행

GS 135  TAS 141
340° / 06

33

활주로 방위
337°

HME
0303.1z
6.6 NM

진대기속도
141TAS

30

10

27

3

ADF L        SEL HDG  337      MAG        GPS        ADF R

비행 중량: 320000파운드
진입 속도: 138KIAS
통과 고도: 1500ft

양력L:
319600파운드
144.97t

강하 경로
글라이드 패스

지시대기속도:
138KIAS

강하율: V·sinY
750ft/min
230ft/min

수직선

수평선

90°

비행 자세θ: 1.5°

기축

진입각Y: 3°

항력D:
38750파운드
17.6t

추력T:
22000파운드
10.0t

착륙 중량W:
320000파운드
145t

진입 속도V:
141TAS
261km/h

W·sinY:
16750파운드
7.6t

## 착륙 기준 속도($V_{REF}$)

감항성 심사 요령에 있는 참고 착륙 속도 $V_{REF}$의 정의는 '착륙 거리를 결정할 때 지정된 착륙 형태의 항공기가 강하 중에 15m(50ft) 높이를 통과할 때의 속도를 말한다.'라고 하며, 그 값은 아래와 같아야 한다.

- 1.23$V_{SRO}$(착륙 형태에서 실속 속도) 이상
- $V_{MCL}$(착륙 진입에서 최소 조종 속도) 이상
- 뱅크각 40°에서 균형을 이룬 선회를 시행하는 운동성을 얻을 수 있는 속도 이상(3° 진입각에 대응한 대칭적인 추력 · 출력 설정)

▶ 착륙 기준 속도 예시

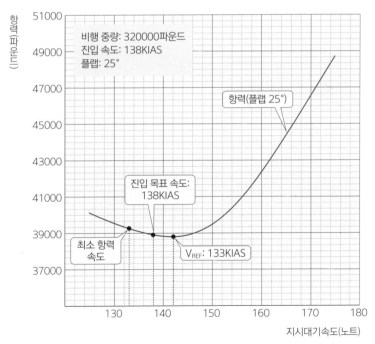

제7장 진입하고 착륙하다   177

최소 조종 속도란 엔진이 고장 났을 때 남은 엔진이 최대 출력이어도 회복 조작이나 직진 비행이 가능한 최소 속도를 의미한다.

이상의 조건으로 산출한 $V_{REF}$는 아래 그림처럼 최소 항력 속도 이하로 돼 있다. 최소 항력 속도 이하 영역은 백사이드라고 부르며, 속도 안정이 음(-)이 되는 영역인 점을 주의할 필요가 있다.

아래 그림처럼 최소 항력 속도 이하의 노멀사이드라 부르는 영역은 기류 영향에 따라 파일럿의 뜻과 다르게 비행 속도가 변해도 자연스럽게 원래 속도로 돌아오므로 속도 안정이 양(+)인 영역이다. 하지만 백사이드에서는 속도가 변하면 스러스트 레버를 복잡하게 조작해야 한다. 속도와 강

➤ 백사이드와 노멀사이드

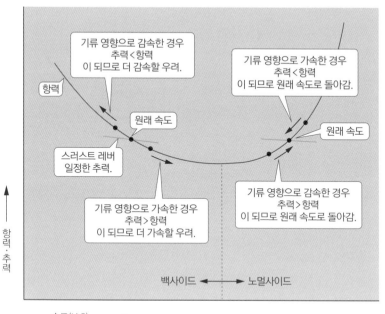

하 경로를 유지하는 비행에 최적화된 속도 영역이 아니다.

이런 이유와 낮은 고도에서 바람의 급격한 변화에 대응하기 위해, 진입 중 목표 속도는 $V_{REF}$ 그대로가 아니라, $V_{REF}$에 바람 보정(활주로 위 풍속의 1/2 또는 최소 5 ~ 최대 20노트까지)을 적용한다는 내용을 운영교범에 기재하고 있다.

## 활주로 진입단부터 접지까지

착륙은 활주로 진입단(스레숄드) 위 고도 50ft(15m)인 지점에서 접지해서 완전하게 정지할 때까지의 일련의 과정을 말한다. 다만, 180쪽 그림에서처럼 글라이드 슬로프(GS) 수신 안테나는 전륜 도어에 설치돼 있으므로, 활주로 진입단에서 주륜의 높이는 50ft가 아닌 점을 주의할 필요가 있다.

그 아래 그림에서는 당김 조작으로 커진 양력과 착륙 중량과의 차이가 향심력이 되어 반경 R인 호를 그리며 진입각 3°를 0°로 하는 것과 함께 접지 시의 충격을 줄여주는 것을 보여준다.

50ft에서의 진입 속도 $V_{APP}$=138노트는 접지 시에는 속도 $V_{TD}$=135노트로 변하는데, 시험 비행에서 $V_{TD}/V_{APP}$의 평균값 0.98에서 산출한 속도다. 따라서 50ft에서 접지까지 평균 속도는 136.5노트(230ft/s)가 된다. 이 사례에서는 활주로 진입단에서 접지까지 시간이 약 5초임을 알 수 있다.

또한, 향심력 = 원심력이므로 접지 시에는 활주로의 반작용으로 향심력에 따른 하중과 같은 크기지만 반대 방향인 하중이 작용한다. 이 하중의 평균값이 1.2g라는 사실로부터 당김 조작에 의한 양력 증가를 착륙 중량

## ➤ 활주로 진입단에서 접지까지 예시

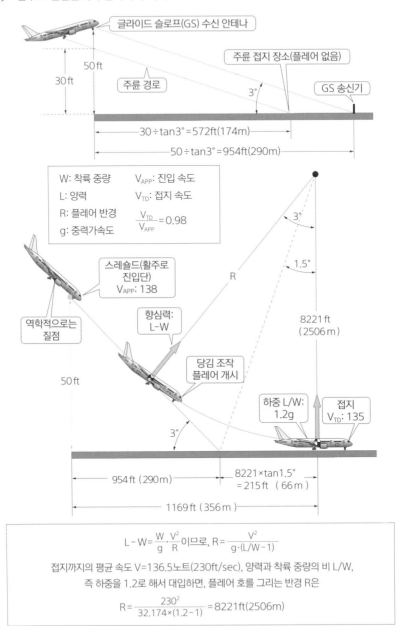

글라이드 슬로프(GS) 수신 안테나

주륜 접지 장소(플레어 없음)

50 ft

30 ft

주륜 경로

3°

GS 송신기

30 ÷ tan3° = 572ft(174m)

50 ÷ tan3° = 954ft(290m)

W: 착륙 중량    $V_{APP}$: 진입 속도
L: 양력         $V_{TD}$: 접지 속도
R: 플레어 반경   $\dfrac{V_{TD}}{V_{APP}} = 0.98$
g: 중력가속도

3°

1.5°

스레숄드(활주로 진입단)
$V_{APP}$: 138

R

8221 ft
(2506 m)

역학적으로는 질점

향심력:
L−W

당김 조작
플레어 개시

50 ft

하중 L/W:
1.2g

접지
$V_{TD}$: 135

3°

954 ft (290 m)

8221×tan1.5°
= 215 ft ( 66 m )

1169 ft ( 356 m )

$$L-W = \frac{W}{g} \cdot \frac{V^2}{R} \text{ 이므로, } R = \frac{V^2}{g \cdot (L/W - 1)}$$

접지까지의 평균 속도 V=136.5노트(230ft/sec), 양력과 착륙 중량의 비 L/W,
즉 하중을 1.2로 해서 대입하면, 플레어 호를 그리는 반경 R은

$$R = \frac{230^2}{32.174 \times (1.2 - 1)} = 8221\text{ft(2506m)}$$

의 1.2배로 한다. 그리고 접지 시의 하중이 클수록 선회 반경이 작아지므로, 착륙 거리가 짧아지는 것을 알 수 있다.

그런데 접지 직전이 되면 비행기를 통과하는 기류가 활주로면의 영향을 받으므로 공력 특성이 변화한다. 이로 인해 양력이 커지면서 항력이 급감해서 기수 들림 모멘트(Nose-up change in moment)가 작용하는 지면 효과라고 부르는 현상이 발생한다. 그러므로 당김 조작은 지면 효과에 대응하는 역할도 하는 것이다.

## 스피드 브레이크 업

조종을 담당하지 않는 파일럿 PM은 접지와 동시에 스피드 브레이크 레버가 UP 위치에 있는 것을 확인하고 '스피드 브레이크 업'이라고 콜한다.

스피드 브레이크 레버가 ARMED 위치에 있고, 좌우 주륜 타이어가 활주로에 접지하고 스러스트 레버가 아이들 위치에 있으면, 스피드 브레이크 레버는 자동으로 UP 위치가 되고, 날개 윗면의 좌우 합계 14장의 스포일러가 일제히 일어난다.

스피드 브레이크는 항력을 증가시키는 역할도 하지만, 양력을 스포일(도움이 안 되게 한다는 의미)해 비행 중량을 받치는 역할을 양력에서 타이어로 옮겨서 오토브레이크의 효과를 좋게 만드는 것이 주목적이다. 빠른 속도에서 양력을 스포일하는 편이 효과가 크므로, 최초에 작동하는 제동 장치가 스피드 브레이크다.

스피드 브레이크에 이어서 작동하는 것은 오토브레이크다. 주 날개의 날갯죽지에 있는 주 착륙 장치의 오토브레이크는 오토브레이크 셀렉터에서 1~MAX 가운데서 세팅한다. 스러스트 레버가 아이들 위치에 있고 주륜 타이어의 회전을 감지하면, 세팅된 감속률을 유지하도록 전동식 브레이크가 작동한다. 감속률 1, 2는 통상적인 운항 3, 4는 활주로가 미끄러지기 쉬운 상태, MAX 위치는 최소 착륙 거리가 요구되는 상황에 적용한다. 스피드 브레이크가 작동하지 않으면 오토브레이크의 제동 효과는 약 60%까지 떨어지는 것으로 알려져 있다.

러더 페달의 윗부분을 밟거나 스피드 브레이크 레버를 DOWN 위치까지 돌려놓으면, 오토브레이크 셀렉터가 DISARM 위치가 되며 오토브레이크는 해제된다. 또한, 접지 후에 어떤 이유로 인해 다시 이륙하려고

➤ 스피드 브레이크 레버 작동

스러스트 레버를 이륙 추력 위치까지 움직이면 오토브레이크는 해제되고 스피드 브레이크는 DOWN 위치로 돌아간다.

리버스 스러스트 레버는 자동으로 작동하지 않는다. 수동으로 당겨 올려서 스러스트 리버서(역추력 장치)를 작동시킨다. 레버를 당겨 올리면 유압이 작용해서 트랜슬레이팅 슬리브가 엔진 후방으로 슬라이드하고, 팬 덕트 안에 설치된 블로커 도어가 후방으로 회전해 팬 분출류를 막는다.

막힌 팬 분출류는 184쪽 아래 그림처럼 캐스케이드 가이드 베인에 의

➤ 오토브레이크 셀렉터와 감속률

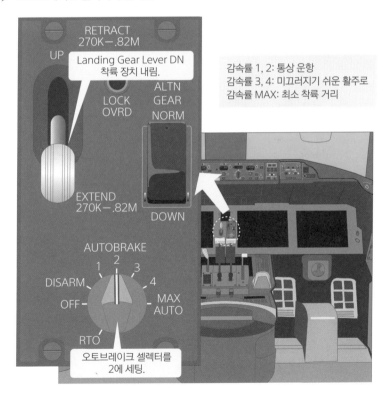

RETRACT
270K─.82M

UP

Landing Gear Lever DN
착륙 장치 내림.

ALTN
GEAR
LOCK
OVRD
NORM

EXTEND
270K─.82M

DOWN

감속률 1, 2: 통상 운항
감속률 3, 4: 미끄러지기 쉬운 활주로
감속률 MAX: 최소 착륙 거리

AUTOBRAKE
1   2   3
DISARM        4
OFF        MAX
AUTO
RTO

오토브레이크 셀렉터를
2에 세팅.

➤ 리버스 스러스트 레버 작동 시 엔진 내 변화

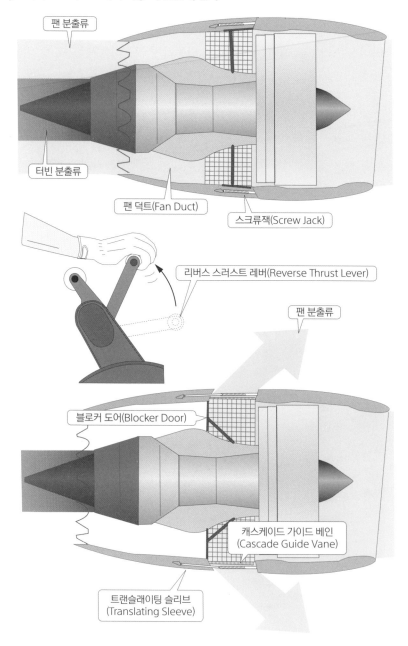

팬 분출류

터빈 분출류

팬 덕트(Fan Duct)

스크류잭(Screw Jack)

리버스 스러스트 레버(Reverse Thrust Lever)

팬 분출류

블로커 도어(Blocker Door)

캐스케이드 가이드 베인
(Cascade Guide Vane)

트랜슬래이팅 슬리브
(Translating Sleeve)

해 앞으로 향하며 엔진 외부로 분출된다.

레버는 리버스 아이들 위치에서 최대 출력까지 제어할 수 있다. 레버를 당겨 올리면 오트스로틀이 디스인게이지되고, 스피드 브레이크가 ARMED 위치에 없어도 자동으로 UP 위치가 된다.

스러스트 리버서는 오토브레이크의 마모를 적게할 뿐만 아니라, 활주로면과 접하지 않는 제동 장치라서 활주로가 미끄러지기 쉬운 상황일 때 매우 효과적이다. 다만 통상 운항에서 착륙 중량이 가벼우면, 소음 줄이기나 타이어 마모와 연료 비용을 비교해서 사용하지 않기도 한다.

## '60노트' 콜

PM의 '60노트' 콜을 확인하면 레버를 되돌린다. 60노트 이하에서는 스러스트 리버서에 의해 끌어올려진 공기를 빨아들일 우려가 있고, 엔진 내부 공기가 흐트러지면서 서징(맥동)이 일어날 수 있기 때문이다.

## 접지에서 완전 정지까지

접지 후의 힘 관계는 186쪽 위 그림과 같다. 항력과 오토브레이크의 합이 전진하는 힘인 아이들 추력보다 크면, 가속도가 마이너스 돼 비행기를 감속시키는 힘이 발생한다. 아이들 추력은 지상에서 무시할 수 없는 크기라, 스러스트 리버서로 역추력을 발생시키는 것은 매우 효과적이다.

하지만 엔진이 고장 나면 비대칭 역추력이 되므로, 접지에서 정지까지의 거리 산출은 리버서를 고려하지 않는 것이 일반적이다. 다만, 실제로 엔진 고장이 발생하면 리버스 아이들 위치까지 조작해서 역추력을 발생시키지 않고 아이들 추력을 제로로 만드는 방법을 취한다.

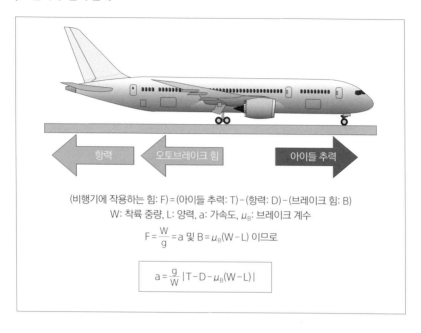

➤ 접지 후 힘의 관계

(비행기에 작용하는 힘: F) = (아이들 추력: T) − (항력: D) − (브레이크 힘: B)
W: 착륙 중량, L: 양력, a: 가속도, $\mu_B$: 브레이크 계수

$$F = \frac{W}{g} = a \text{ 및 } B = \mu_B(W-L) \text{ 이므로}$$

$$a = \frac{g}{W} |T-D-\mu_B(W-L)|$$

브레이크 힘은 착륙 중량에서 양력을 뺀 중량에 브레이크 계수를 곱한 것이다. 양력이 클수록 브레이크 힘이 적어지므로, 양력을 스포일하는 스피드 브레이크가 효과적이다.

'접지에서 정지까지의 거리'에 '50ft를 통과한 후 접지까지의 거리'를 더한 수평 거리가 착륙 거리가 되지만, 실제 운항에서는 사용하는 활주로 길이의 60% 이내에서 정지하는 거리일 것을 요구한다. 이것은 예컨대, 비행기가 1200m 안에 정지하는 능력이 있어도 실제로 착륙할 수 있는 곳은 활주로의 길이가 2000m 이상인 공항이어야만 한다는 의미다.

오른쪽 위 그림은 180쪽에서 산출한 50ft에서 접지까지 거리에 완전

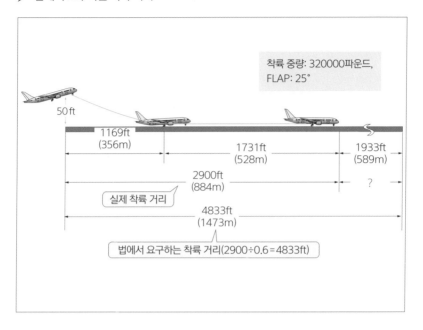

정지까지 거리를 더한 거리의 예다. 실제 착륙 거리인 884m를 0.6으로 나눈 1473m가 법에서 요구하는 착륙 거리, 즉 운영교범에 기재된 착륙 거리다. 실제 운항에서는 바람의 세기도 고려할 필요가 있다. 다만 착륙 거리가 짧아지기 유리한 맞바람은 50%(예컨대 10노트라면 5노트), 불리해지는 순풍은 150%(예컨대 10노트라면 15노트)로 계산해야 한다.

## '고 어라운드' 콜

진입 한계 고도(강하할 수 있는 최저 고도)까지 강하해도 활주로나 진입등처럼 착륙을 위해 참고할 수 있는 것을 눈으로 확인하지 못하게 되거나, 관제기관에서 고 어라운드를 지시받으면 '고 어라운드'라고 콜하고 조작을 개시한다.

TO/GA 스위치를 눌러서 고 어라운드 추력으로 세팅하고, 착륙 위치에 있던 플랩을 20까지 끌어올린다. 기수 들림 15°인 고 어라운드 자세로 상승을 개시하고 관제기관에 진입 복행한 것을 통보한다. 고도계와 승강계로 상승을 확인하고 착륙 장치를 격납한다. 고도 1500ft가 되면 상승 추력을 세팅하고 공항마다 설정된 진입 복행 방식을 따라서 비행한다.

고 어라운드를 하는 이유에 기상 조건만 있는 것은 아니다. 예를 들어서 '지진 발생'이나 '선행기와 새의 충돌' 등의 이유로 안전 점검을 위해

▶ 복행과 진입 복행 방식

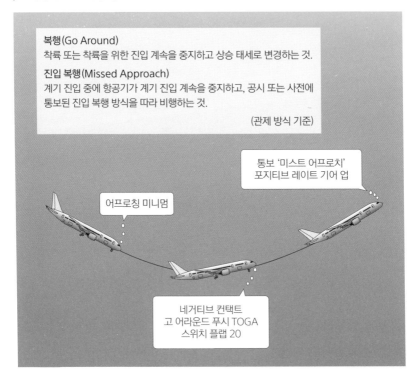

복행(Go Around)
착륙 또는 착륙을 위한 진입 계속을 중지하고 상승 태세로 변경하는 것.

진입 복행(Missed Approach)
계기 진입 중에 항공기가 계기 진입 계속을 중지하고, 공시 또는 사전에 통보된 진입 복행 방식을 따라 비행하는 것.

(관제 방식 기준)

통보 '미스트 어프로치'
포지티브 레이트 기어 업

어프로칭 미니멈

네거티브 컨택트
고 어라운드 푸시 TOGA
스위치 플랩 20

활주로가 갑자기 폐쇄되는 경우도 마찬가지다. 즉 진입 중인 비행기가 반드시 착륙할 수 있는 것은 아니다. 그래서 아래 그림처럼 진입 형태와 착륙 형태에서 상승 성능에 대한 법적 요구가 있다.

플랩 20, 착륙 장치 올림 상태인 진입 형태에서는 엔진 고장 시의 상승 성능을 요구하는데, 중요 조건으로 최대 착륙 중량이 있다. 착륙하는 활주로의 기압고도와 외기 온도에 의해 고 어라운드 추력이 제한돼, 요구받은 상승 기울기를 충족하기 위해서는 최대 착륙 중량을 제한해야 하는 상황이 있음을 의미한다.

착륙 위치에 플랩이 있고 착륙 장치 내림 상태인 착륙 형태에서는 모든 엔진 작동을 요구하는데, 엔진 가속성에 관한 요구가 문제로 등장한다. 그래서 플랩 25 이상 또는 착륙 장치 내림 상태가 되면 어프로치 아이들

▶ 착륙 시 법에서 요구하는 상승 성능

**착륙 시에 요구하는 상승 성능(감항성 심사 요령)**

**진입 복행(Approach Climb)**
· 엔진 1기 고장
· 진입 형태(플랩 20, 착륙 장치 올림)
· 상승 기울기 2.1% 이상
· 고 어라운드 추력
· 최대 착륙 중량

2.1%

**착륙 복행(Landing Climb)**
· 전체 엔진 통상 운전
· 착륙 형태(플랩 착륙 위치, 착륙 장치 내림)
· 상승 기울기 3.2% 이상
· 아이들 상태에서 8초 이내에 고 어라운드 추력

3.2%

이라 부르며, 고속으로 회전하는 아이들로 가속성 요구를 클리어한다.

## 유도로 진입 허가 요구

날씨가 회복돼 다시 진입을 개시한다. 무사히 착륙해서 감속을 계속해 60
노트가 되면 리버스 스러스트를 되돌리고, 유도로 주행 속도에 도달하기
전에 오트브레이크를 해제한다. 그리고 "리퀘스트, C7(찰리 세븐)"이라고
활주로 이탈 가능한 유도로 진입 허가를 관제기관에 요구한다.

　60노트에서 리버스 스러스트를 되돌리는 것은 엔진의 서징을 방지하
기 위해서다. 오토브레이크를 해제하는 이유는 예컨대, 감속률 8노트/초
설정 상태에서 주행속도가 8노트 이하가 되면 급정지하기 때문이다. 스
피드 브레이크 레버를 DOWN, 플랩 레버를 UP 위치로 두고, 도착 게이
트를 목표로 관제기관으로부터 지시받은 유도로를 주행한다. 엔진 냉각
을 위해 적어도 5분간은 아이들 추력으로 운전하기를 권장한다.

　도착 게이트에 들어가면 파킹 브레이크를 설정한다. 외부 전원에 접속
해 전원 확보를 확인하면, 연료 제어 스위치를 CUT OFF 위치로 해서 엔
진을 정지한다.

　도착 게이트에 정지하면 차륜 멈춤 장치를 설치하는데, 이를 '블록'이
라 한다. 소정의 장소에서 정지하는 것을 블록 인, 출발을 블록 아웃, 출발
부터 도착까지 시간을 블록 타임이라 한다. 리프트오프부터 터치다운까
지의 시간은 플라이트 타임이다. 블록 인해서 엔진을 멈추면 객실의 시트
벨트, 유압 시스템 펌프, 연료 펌프, 적색 회전등(충돌 방지등)을 끈다. 모든
승객이 비행기에서 내리면 긴급등을 끄고 플라이트를 완료한다.

➤ 도착 게이트에 정지 후 플라이트 완료까지

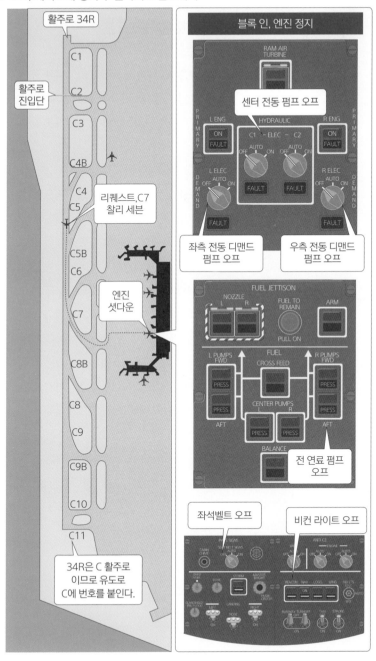

활주로 34R

C1
활주로
진입단
C2

C3

C4B

C4
C5
리퀘스트,C7
찰리 세븐

C5B
C6
엔진
섯다운

C7

C8B

C8
C9

C9B

C10

C11

34R은 C 활주로
이므로 유도로
C에 번호를 붙인다.

**블록 인, 엔진 정지**

RAM AIR
TURBINE

센터 전동 펌프 오프

PRIMARY

L ENG
ON
FAULT

HYDRAULIC
C1 - ELEC - C2
AUTO ON          AUTO ON
OFF              OFF

R ENG
ON
FAULT

PRIMARY

DEMAND

L ELEC
AUTO ON
OFF
FAULT

FAULT          FAULT

R ELEC
AUTO ON
OFF
FAULT

DEMAND

좌측 전동 디맨드
펌프 오프

우측 전동 디맨드
펌프 오프

FUEL JETTISON

NOZZLE
L    R

FUEL TO
REMAIN

ARM

PULL ON

L PUMPS
FWD
PRESS

PRESS

FUEL
CROSS FEED

CENTER PUMPS
L          R
PRESS    PRESS

R PUMPS
FWD
PRESS

PRESS

AFT                          AFT

BALANCE

전 연료 펌프
오프

좌석벨트 오프

비컨 라이트 오프

PASS SIGNS
CABIN
CHIME          SEAT BELT SIGNS
AUTO

ANTI-ICE
ENGINE
WING
OFF ON   OFF ON   OFF ON

REACON  NAV  LOGO  WING  NO LTS
ON                          AUTO

MASTER
BRIGHT

RUNWAY TURNOFF  TAXI  STROBE
ON        ON    ON

# 오토랜딩과 오토테이크오프

그 옛날, 당시 최신예 항법 장치를 갖춘 록히드 L10-11이 가고시마 공항에 접근하고 있었다. 구름 속을 비행하다가 화산 연기 속으로 들어가게되어 기내에 유황 냄새가 가득 차고, 미세한 화산재로 인해 앞 유리가 흐릿해졌다.

화산 정보와 정비 문제(엔진 점검과 앞 유리 교환 등)로 인해 날씨가 쾌청한 하네다 공항으로 돌아와, 전방이 잘 보이지 않는 상태에서 오토랜딩으로 무사히 착륙했다. 오토랜딩의 유효성은 악천후일 때만은 아니라는 이야기다.

그렇다면, 왜 오토테이크오프(자동 이륙)는 없는 것일까? 오토랜딩이 가능한 것은 지상 시설인 ILS와 그 전파를 수신해서 파일럿에게 비행 상황을 알려주는 표시 기능과 자동으로 유도하는 오토파일럿 및 오토스로틀 등 기체에 설치된 장비 덕분이다. 오토테이크오프를 가능하게 만들려면, 계기 이륙 시스템(ITS. Instrument Takeoff System)과 같은 지상 원조 시설과 이에 대응하는 기내 장치도 필요하다. 폭 45m 또는 폭 60m밖에 되지 않는 활주로 중심선을 오토파일럿과 자율항법 장치만으로 고속으로 활주하는 것은 자동차가 밖을 보지 않고 내비게이션에만 의지해서 고속도로를 주행하는 것과 같은 일이다.

잔여 연료량 문제나 심리적으로 무리하게 진행할 위험성이 있다는 점과 승객 보호, 연료 비용, 기체 운용 등 안전성과 운항 효율 등의 문제 때문에 ILS를 개발했다고도 한다. 이에 비해 이륙은 지상에서 대기하면 되므로, 오토랜딩보다 필요성이 낮다. 가까운 시기에 개발될 수도 있다.

제8장

# 비행 중량과 균형

## WEIGHT & BALANCE

# 비행 중량과 균형

## 유료 하중/거리

운영교범에는 '비행계획은 안전을 전제로 두고 정시성, 쾌적성을 고려한 후에 유료 하중(페이로드)을 최대한으로 확보해서 경제적인 운항을 시행하는 것을 목적으로 해서 세운다.'라고 적혀 있다. 최대 유료 하중이 되는 것은 어떤 상황인지를 알아보자.

오른쪽 그림은 유료 하중/거리라고 부르는 유료 하중과 항속거리의 관계를 나타낸 예다. 이 그림으로부터 다음 식을 구할 수 있다.

(최대 유료 하중) = (최대 무연료 중량) − (운항 공허 중량)

▶ 중량 구분 표

| 중량 구분 | 파운드 | t(톤) |
|---|---|---|
| 최대 이륙 중량: Maximum Takeoff Weight | 502500 | 227.9 |
| 최대 착륙 중량: Maximum Landing Weight | 380000 | 172.4 |
| 최대 무연료 중량: Maximum Zero Fuel Weight | 355000 | 161.0 |
| 운항 공허 중량: Operational Empty Weight | 264500 | 120.0 |
| 최대 유료 하중: Maximum Payload | 90500 | 41.0 |
| 최대 소비 가능 연료 중량: Maximum Usable Fuel | 223378 | 101.3 |

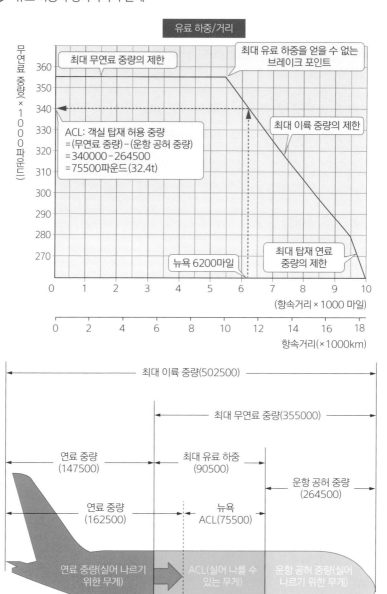

## ➤ 유료 하중과 항속거리의 관계

**유료 하중/거리**

최대 무연료 중량의 제한

최대 유료 하중을 얻을 수 없는
브레이크 포인트

무연료 중량(×1000파운드)

ACL: 객실 탑재 허용 중량
= (무연료 중량) - (운항 공허 중량)
= 340000 - 264500
= 75500파운드(32.4t)

최대 이륙 중량의 제한

뉴욕 6200마일

최대 탑재 연료
중량의 제한

(항속거리×1000 마일)

항속거리(×1000km)

최대 이륙 중량(502500)

최대 무연료 중량(355000)

연료 중량
(147500)

최대 유료 하중
(90500)

운항 공허 중량
(264500)

연료 중량
(162500)

뉴욕
ACL(75500)

연료 중량(실어 나르기
위한 무게)

ACL(실어 나를 수
있는 무게)

운항 공허 중량(실어
나르기 위한 무게)

하지만 항속거리 5500마일, 탑재 연료가 147500파운드 이상이면 무연료 중량, 즉 유료 하중은 감소한다. 이처럼 탑재 연료 같은 운항 조건에 허용되는 유료 하중을 화객 탑재 허용 중량(ACL, Allowable Cabin Load)이라 한다.

또한 유료 하중/거리의 세로축이 유료 하중이 아닌 무연료 중량인 것은 좌석 사양 등에 의해 운항 공허 중량이 변하면서 유료 하중이 달라지기 때문이다. 각 중량의 상세한 관계를 살펴보자.

## 감항성을 요구하는 중량

### 최대 이륙 중량

감항성 심사 요령에는 '구조 설계에서 지상 활주 및 작은 강하율에서의 착륙에 대한 하중을 구하기 위해 사용하는 최대 항공기 중량을 의미한다.'라고 적혀 있으며, 작은 강하율은 $1.8m/s(6ft/s, 360ft/m)$이다.

이것은 최대 이륙 중량으로 이륙 후 바로 착륙하는 경우에 $360ft/m$인 강하율로 접지해도 기체 강도에 문제가 없음을 의미한다. 참고로 실제 운항에서 접지할 때 평균 강하율은 $300ft/m$ 이하다. 정의에서는 설계 최대 이륙 중량이라 하지만, 운항할 때는 단순히 최대 이륙 중량이라 한다.

### 최대 착륙 중량

정의에서는 '구조 설계에서 최대 강하율에서의 착륙 하중을 구하기 위해 사용하는 최대 항공기 중량을 의미한다.'라고 돼 있으며, 최대 강하율은 $3.0m/s(10ft/s, 600ft/m)$다.

즉 진입할 때에 가까운 강하율인 $600ft/m$을 유지한 채 플레어하지 않

> 중량 구분별 설명

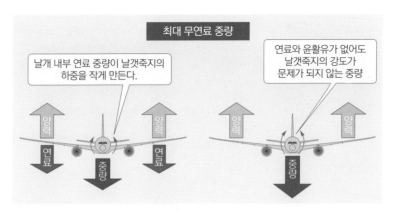

고 접지해도 구조에 문제 없는 강도가 있는 것이 된다. 정의에서는 설계 최대 착륙 중량이지만, 운항할 때는 단순히 최대 착륙 중량이라 부른다.

## 최대 무연료 중량

'연료 및 윤활유를 전혀 싣지 않은 경우의 비행기 설계 최대 중량을 의미한다.'라고 최대 무연료 중량을 정의한다. 197쪽 아래 그림처럼 날개 내부 탱크에 연료가 탑재되지 않은 상태에서 날갯죽지에 작용하는 하중이 최대가 돼도 구조에 문제가 없는 최대 중량이 된다. 최대 무연료 중량 이하라면 비행마다 변화하는 날개 내부 연료 중량에 의해 반복되는 하중에 견디는 강도를 보장함을 의미한다.

## 기체 중량의 기본

비행기를 실제로 운항하기 위해 가장 기본이 되는 중량인 기본 공허 중량(항공사마다 부르는 명칭이 다르다.)은 오른쪽 위의 그림처럼 기체 구조 중량에 장비품, 작동액 등을 포함한 중량이다.

사용에 적합하지 않은 연료란 연료 제어 장치 작동액인 연료, 연료 탱크에서 엔진 및 APU까지의 공급 라인에 남아 배출되지 않은 연료를 뜻한다.

표준 운항 장비품에는 항공법에 따라 비행기에 구비해야만 하는 서류인 운용한계 등 지정서, 비행규정(항공기 개요와 한계 사항 등을 기재), 운항규정(승무원 직무 같은 운항 관리에 관한 사항 등을 기재), 탑재용 항공일지(운항 승무원의 성명, 비행 구간, 비행시간 등을 기재) 등이 있다.

➤ 기본 공허 중량

· 기체 구조 중량(엔진과 고정 장비품)
· 내부 장비품 중량(뗄 수 있는 장비품)
· 작동액 중량(유압 장치 등의 작동액)
· 사용하기 적합하지 않은 연료 중량(제어장치와 파이프 등에 남은 연료)
· 표준 운항 장비품 중량(규정류와 탑재용 항공일지 등)

격납고에서 기본 공허 중량과 무게 중심 위치를 정기적으로 실측한다.

BEW255000
CG25%MAC

## 운항을 위한 기체 중량의 기본

격납고에서 출발 터미널까지 견인된 기본 공허 중량의 비행기에 200쪽 위 그림에 있는 승무원과 객실 서비스 용품 등 실제 운항에 필요한 중량을 더한 비행기 중량이 운항 공허 중량(OEW. Operational Empty Weight) 이다.

운항 승무원과 객실 승무원은 운항하는 노선에 따라 편성이 달라진다. 때때로, 훈련 중인 승무원과 그 교관이 탑승하기도 한다. 그래서 그런 상황에 대응한 인원수와 수화물 중량을 가산해야만 한다.

운항 공허 중량에 승객과 화물 합계 중량을 더한 중량이 무연료 중량이다. 무연료 중량에 탑재 연료량을 더한 것이 이륙 중량이며, 안전하게 이륙하기 위한 조건을 충족해야만 한다.

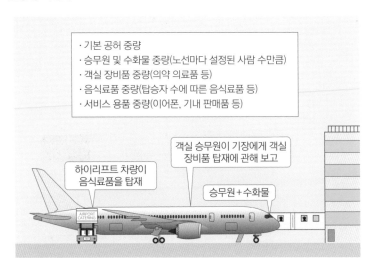

・기본 공허 중량
・승무원 및 수화물 중량(노선마다 설정된 사람 수만큼)
・객실 장비품 중량(의약 의료품 등)
・음식료품 중량(탑승자 수에 따른 음식료품 등)
・서비스 용품 중량(이어폰, 기내 판매품 등)

객실 승무원이 기장에게 객실
장비품 탑재에 관해 보고

하이리프트 차량이
음식료품을 탑재

승무원＋수화물

## 허용 이륙 중량

중량 계획에서는 오른쪽 상단 항목 (1)에서 (9)까지의 모든 제한을 클리어해야 한다. 이를 충족해서 이륙이 허용되는 중량을 허용 이륙 중량(Allowable Takeoff Weight)이라 한다. 각각의 제한을 알아보자.

(1) 최대 이륙 중량에 따른 제한(Structural Limit)
'감항성을 요구하는 중량' 항목(196쪽)에서 조사한 제한.

(2) 활주로 길이에 따른 제한(Field Limit)
202쪽 그림은 이륙에 필요한 활주로 길이의 정의를 바탕으로 중량과 거리의 관계를 그래프로 나타낸 것이다. 이 그래프로부터 하네다발 뉴욕행 비행편이 최대 이륙 중량 502500파운드로 이륙할 수 있는 것은 길이

> ➤ 허용 이륙 중량은 아래 조건을 모두 만족하는 중량

> (1) 최대 이륙 중량의 제한 (Structural Limit)
> (2) 활주로 길이의 제한 (Field Limit)
> (3) 상승 성능의 제한 (Climb Limit)
> (4) 장애물의 제한 (Obstacle Limit)
> (5) 무연료 중량의 제한 (Zero Fuel Limit)
> (6) 최대 허용 착륙 중량의 제한 (Landing Limit)
> (7) 운항비행경로의 제한 (En route Limit)
> (8) 타이어 스피드 제한 (Tire Speed Limit)
> (9) 브레이크 능력 제한 (Brake Energy Limit)

3000m인 34L(A 활주로)이 아니라, 3360m인 34R(C 활주로)임을 알 수 있다. 사용 활주로가 34R이라면, 이륙을 중지해도 활주로 안에서 완전하게 정지할 수 있고, 엔진이 고장 난 채로 이륙을 계속해도 활주로 끝을 35ft 이상으로 통과할 수 있으며, 통상적인 운항에서 15% 이상의 여유를 가지고 이륙할 수 있다.

(3) 상승 성능에 따른 제한(Climb Limit)

203쪽 위 그림은 엔진이 고장 난 채 이륙을 계속할 때, 단계(세그먼트)마다 요구되는 상승 기울기를 나타낸 것이다.

제1단계는 리프트오프해서 착륙 장치 올림 조작을 개시해서 완전하게 격납하기까지, 제2단계는 착륙 장치를 격납하고 나서 400ft에 도달하기까지, 제3단계는 가속하면서 플랩이 완전하게 올라갈 때까지, 최종 단계는 순항 형태로 상승해서 1500ft에 도달하기까지다.

## ➤ 이륙에 필요한 활주로 길이와 중량과의 관계

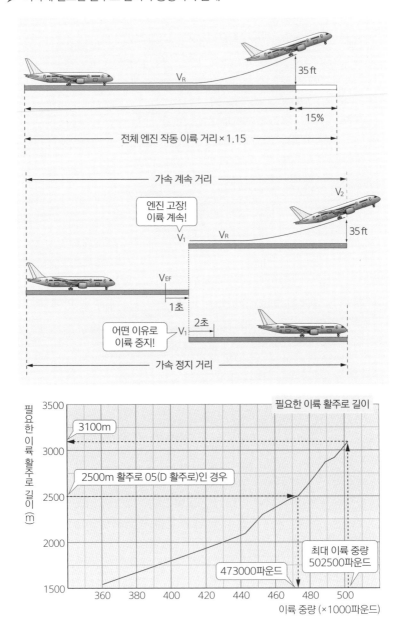

➤ 엔진 고장 이륙 시 단계(세그먼트)마다 요구되는 상승 기울기

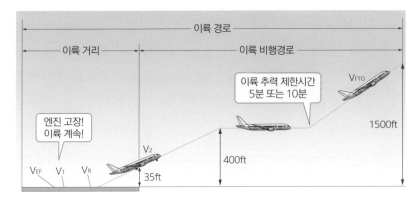

| | | 제1단계 | 제2단계 | 제3단계 | 최종 단계 |
|---|---|---|---|---|---|
| 착륙 장치 | | 내림 | 올림 | 올림 | 올림 |
| 플랩 | | 이륙 위치 | 이륙 위치 | 이륙 위치 → 올림 | 올림 |
| 추력 | | 이륙 추력 | 이륙 추력 | 이륙 추력 | 최대 연속 추력 |
| 요구 기울기 | 쌍발기 | 양(+) | 2.4% | 양(+) | 1.2% |
| | 3발기 | 0.3% | 2.7% | 양(+) | 1.5% |
| | 4발기 | 0.5% | 3.0% | 양(+) | 1.7% |

　이 가운데서 제2단계의 요구 기울기가 가장 까다로워서 이 단계의 상승 성능 요구를 충족하기 위해 이륙 중량을 제한하기도 한다. 이 제한을 받는 것은 외기 온도와 공항 표고가 높아서 엔진 추력이 큰 폭으로 감소해 버리거나, 이륙 거리는 짧아지지만 항력이 커서 상승 성능이 불리해지는 깊은 플랩각 사용 등의 조건이 겹치는 때가 많다.

(4) 장애물에 따른 제한(Obstacle Limit)
공항 주변에 큰 나무나 산처럼 이륙 비행경로에 장애물이 존재한다면, 수

평 방향 여유를 위해 비행장 경계 안에서 적어도 200ft 이상, 경계 밖에서 최소 300ft 이상 떨어져 비행해야 한다. 엔진이 고장 난 상황에서 장애물이 있는 상공을 통과해야 하면 35ft 이상 고도 차이를 유지해야 한다.

아래 그림은 이륙 비행경로 위에 장애물이 있을 때 수직 방향 여유가 어느 정도여야 하는지 보여준다. 총 비행경로는 실제 비행경로이며, 순 비행경로는 실제 비행경로에서 페널티가 되는 기울기를 뺀 비행경로다. 즉 장애물과의 고도차 35ft는 실제 비행경로가 아니라, 기울기 페널티를 뺀 순 비행경로로 증명해야 한다. 이들 제한을 클리어하지 못하면 이륙 중량을 줄여야 한다.

▶ 이륙 비행경로 위 장애물이 있을 때 수직 방향 여유 예시

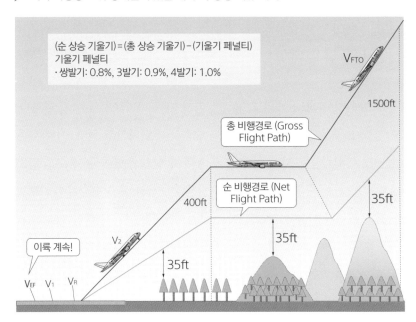

(5) 최대 무연료 중량에 따른 제한(Zero Fuel Limit)

제5장에서 알아본 대로 탑재 연료량은 '가지고 다녀야 하는 연료량'으로 법으로 정해져 있다. 이륙 중량에서 그 탑재 연료를 뺀 중량은 최대 무연료 중량 이하여야만 하므로, 아래와 같은 조건을 충족해야 한다.

(허용 이륙 중량) ≦ (최대 무연료 중량) + (탑재 연료 중량)

(6) 최대 허용 착륙 중량에 따른 제한(Landing Limit)

활주로 길이, 상승 성능, 장애물, 무연료 제한을 클리어해서 설계 최대 이륙 중량으로 이륙할 수 있다고 해도, 착륙할 수 있는 중량을 넘으면 착륙할 수 없다. 즉 이륙하고 나서 목적지까지 소비하는 연료를 뺀 중량은 최대 허용 착륙 중량 이하여야만 하므로, 다음과 같은 식이 나온다.

➤ 착륙 시에 요구하는 상승 성능 (감항성 심사 요령)

**진입 복행(Approach Climb)**
· 엔진 1기 고장
· 진입 형태(플랩 20, 착륙 장치 올림)
· 상승 기울기 2.1% 이상
· 고 어라운드 추력
· 최대 착륙 중량

2.1%

**착륙 복행(Landing Climb)**
· 전체 엔진 통상 운전
· 착륙 형태(플랩 착륙 위치, 착륙 장치 내림)
· 상승 기울기 3.2% 이상
· 아이들 상태에서 8초 이내에 고 어라운드 추력

3.2%

(허용 이륙 중량) ≦ (최대 허용 착륙 중량) + (목적지 소비 연료 중량)


또한, 최대 허용 착륙 중량은 활주로 길이와 활주로면의 미끄러지는 정도에 따른 제한을 클리어하고, 205쪽 그림에서 요구하는 상승 성능을 충족할 수 있는 착륙 중량이다.


(7) 운항비행경로에 따른 제한(En route Limit)

운항규정 심사를 위한 세부 항목 사항을 정한 운항규정 심사 요령 세칙에는 '이륙 중량은 이착륙을 제외한 운항 중에 발동기가 고장 나더라도, 비행규정에 규정된 요건을 바탕으로 예정 비행경로의 양쪽 9km 이내의 모든 지형 또는 장애물에서 300m 이상의 고도로 양의 기울기를 얻을 수 있

▶ 운항비행경로의 제한 예시

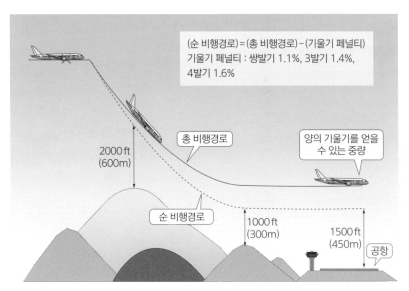

(순 비행경로) = (총 비행경로) − (기울기 페널티)
기울기 페널티 : 쌍발기 1.1%, 3발기 1.4%, 4발기 1.6%

총 비행경로

양의 기울기를 얻을 수 있는 중량

2000 ft
(600m)

순 비행경로

1000 ft
(300m)

1500 ft
(450m)

공항

거나, 드리프트 다운 방식으로 해당 지형 등을 600m 이상의 간격을 유지한 상태로 통과할 수 있는 것이며, 또한, 착륙이 예정된 공항 등의 상공 450m에서 양의 상승 기울기를 얻을 수 있는 중량일 것'이라고 명기돼 있지만, 항력 증가를 동반하는 이상(기체 표면 패널 일부 결손 등)이 없는 한, 제한을 받을 일이 없다.

(8) 타이어 스피드 제한(Tire Speed Limit)
(9) 브레이크 능력 제한(Brake Energy Limit)
이륙 속도가 빨라지는 얕은 플랩각이나 높은 외기 온도, 높은 공항 표고, 순풍 등의 조건이 겹치면 두 제한 모두 넘을 수 있으므로 이륙 중량을 제한한다.

## 무게중심 위치와 수평꼬리날개

제트 여객기의 무게중심 위치(CG. Center of Gravity)는 주 날개에 발생하는 양력의 중심보다 앞쪽에 있다. 바람의 영향에 따라 파일럿의 뜻과 달리 기수 들림 자세가 되더라도 주 날개의 영각이 커지므로, 양력이 커져 CG 주위에 기수 내림 모멘트가 작용해서 저절로 원래 자세로 돌아가는 안정성 즉 세로 방향 안정성을 확보할 수 있기 때문이다.

그리고 비행 중에는 208쪽 그림처럼 주 날개 양력에 의한 기수 내림 모멘트와 수평꼬리날개의 하향 양력에 따른 기수 들림 모멘트가 균형을 유지한다. 다만, CG가 지나치게 앞쪽이면 승강키를 최대한으로 조작해도 기수 들림 자세가 되지 않는, 조종성 문제가 생기고 반대로 지나치게 뒤에 있으면 약간의 승강키 조작만으로도 급격하게 기수 들림 자세가 되는

➤ 무게중심 위치

주 날개 양력

무게중심 위치(CG):
세로 방향 안정성을 위해
주 날개 양력 중심보다 전
방에 있다.

수평꼬리날개 양력:
아래로 향하는 양력을 발생시키는 경우
가 많아서 날개 아랫면이 휘어진 역 캠
버로 되어 있다.

비행 중량

등 안정성에 문제가 생긴다. 또한, 지상에서는 전방 CG라면 급제동 상황
에서 전륜, 스티어링 장치, 전방 동체 강도에 문제가 생긴다. 후방 CG라
면 주 바퀴 강도 문제와 전륜 스티어링의 불안정한 작동 등의 문제도 있
다. 이런 이유로 지상이든 공중이든 관계없이 CG에는 전방 한계와 후방
한계가 있다는 것을 알 수 있다.

## 무게중심 위치와 스태빌라이저 트림

제트 여객기는 무게중심 위치(CG)의 이동 범위가 넓고 속도 변화가 커서
수평꼬리날개와 승강키만으로는 안정성과 조종성을 유지하기가 어렵다.
그래서 스태빌라이저 트림이라 부르는 수평꼬리날개의 부착 각을 변화시
키는 시스템과 승강키를 조합해서 세로 방향 제어를 시행한다.

　오른쪽 위 그림처럼 지상에서 확정된 CG가 전방에 있다면, 수평꼬
리날개 부착 각을 아래로 향하게 해서 큰 영각, 즉 하향 양력을 크게 해

➤ 세로 방향 안정 유지하는 방법

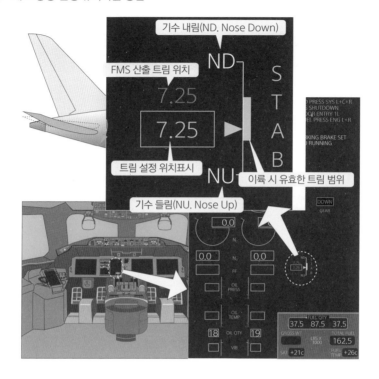

서 기수 들림 모멘트를 크게 한다. 이는 이륙할 때 기체를 들어 올리는 조작을 쉽게 만들 뿐만 아니라, 리프트오프 직후 세로 방향 안정을 유지해 준다.

## 무게중심 위치 산출 방법

비행기의 무게중심 위치(CG)를 산출하는 방법은 기본적으로 210쪽 위 그림의 예와 같다. 기본 공허 중량의 무게중심 위치는 정기적으로 측정하므로, 이 중량에 운항에 필요한 중량을 더한 운항 공허 중량의 모멘트를

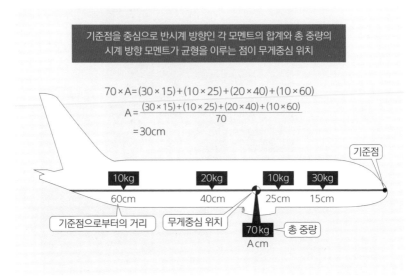

기준점을 중심으로 반시계 방향인 각 모멘트의 합계와 총 중량의
시계 방향 모멘트가 균형을 이루는 점이 무게중심 위치

$$70 \times A = (30 \times 15) + (10 \times 25) + (20 \times 40) + (10 \times 60)$$
$$A = \frac{(30 \times 15) + (10 \times 25) + (20 \times 40) + (10 \times 60)}{70}$$
$$= 30cm$$

기준점

10kg    20kg    10kg    30kg

60cm         40cm      25cm    15cm

기준점으로부터의 거리    무게중심 위치

70kg    총 중량
Acm

산출할 수 있다.

각 좌석과 기준점까지의 거리부터 탑승 승객 전원의 모멘트, 탑재한 화물 위치부터 화물 중량의 모멘트, 각 연료 탱크의 위치부터 탑재 연료 중량의 모멘트를 산출할 수 있다. 이런 모멘트의 합계와 비행기 총중량(이륙 중량)의 모멘트가 균형을 이루는 조건에서 무게중심 위치를 산출한다.

다만 무게중심의 위치는 기준점에서의 거리이므로, 양력 중심과의 관계성은 파악할 수 없다. 그래서 공력 평균 익현이라는 개념이 등장한다. 통상적으로 MAC(맥 또는 엠에이씨)라고 부르는 무게중심 위치를 표현하려고 사용하는 대표 익현이며, 오른쪽 그림처럼 작도해서 구할 수 있다.

CG는 공력 평균 익현 길이에 대한 비율, 예컨대 CG가 공력 평균 익현의 전연에서 1/5에 위치한다면 'MAC 20%'라고 표시한다.

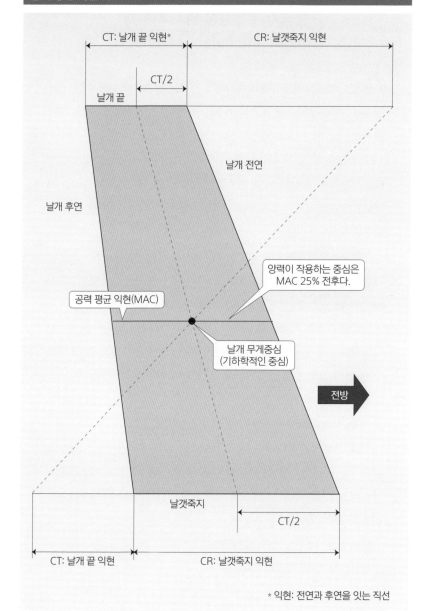

CT: 날개 끝 익현*

CR: 날갯죽지 익현

CT/2

날개 끝

날개 전연

날개 후연

양력이 작용하는 중심은
MAC 25% 전후다.

공력 평균 익현(MAC)

날개 무게중심
(기하학적인 중심)

전방

날갯죽지

CT/2

CT: 날개 끝 익현

CR: 날갯죽지 익현

* 익현: 전연과 후연을 잇는 직선

# 항공기 무게중심 위치 지시서
## (Weight and Balance Manifest)

예전에는 체크인 카운터에서 승객에게 건네는 탑승권에 점선 가공이 돼 있어서 승객이 탑승구를 통과할 때 지상 직원이 그 부분을 뜯어내는 작업을 했다.

게다가 비행기 입구에서는 객실 승무원이 "탑승해 주셔서 감사합니다."라고 말하면서 고개를 숙이며 계수기를 엄지손가락으로 눌러서 승객을 헤아렸고, 탑승권에서 뜯어낸 부분 매수와 계수기 숫자가 일치하면 그 값을 최종 승객수라고 판단했다.

승객수가 확정되면 이미 결정한 화물 중량과 연료 중량을 바탕으로 항공기 무게중심 위치 지시서라 부르는 도식화된 적하 목록을 사용해 디스패처(dispatcher. 운항 관리사)가 이륙 중량과 무게중심의 위치를 산출했다. 이 계산 결과를 승객수, 화물 중량, 무연료 중량 등과 함께 회사의 무선 음성 통신으로 해당 항공기에 통보했다. 파일럿은 이 통보를 근거로 운영교범의 성능표에 기재된 이륙 속도 및 스태빌라이저 트림의 세트 값을 산출했다.

회사의 무선을 사용한 통보는 한 편당 30초 정도 시간이 걸렸으므로, 편수가 많은 시간대에는 통보를 기다리는 비행기가 많았다.

지금은 데이터 링크가 발달해서 '통보 대기'하는 항공편은 없다. 운영교범의 성능 표를 참고해서 이륙 데이터를 작성할 필요도 없고, FMS(운항 관리 시스템)의 데이터베이스를 통해 이륙 속도와 스태빌라이저 트림의 세트 값은 자동으로 표시된다.

일부 항공사의 객실 승무원은 아날로그식 계수기를 지금도 휴대하며, 필요하면 사용하기도 한다고 한다.

# 하늘을 나는 것은
# 정말 즐거운 일이다

안정된 성층권을 순항하고 있으면, 마치 공중에서 정지한 듯한 기분을 느낄 때가 있다. 속도계, 자세 지시기, 고도계 등의 계기가 일정한 값을 유지하므로, 다음 통과 예정 지점까지의 거리를 지시하는 수치가 점점 감소하는 것만이 시속 900km로 비행하고 있다는 사실을 실감하게 한다.

성층권에서 순항 중인 조종석에서는 지상에서보다 파랗디 파란 하늘을 볼 수 있다. 야간 비행을 할 때는 지상에서 본 적이 없는 하늘 가득한 별빛, 그 사이를 빠져나가듯이 순간적인 궤적을 그리며 사라지는 유성, 비단 커튼같이 흔들리는 오로라 등 넓은 하늘에서 드러나는 자연의 조화를 만끽할 수 있다.

물론 안정된 비행만 있는 것은 아니다. 특히 변화가 심한 사계를 자랑하는 나라에서는 첫 봄바람이 불면 착륙을 포기하고 고 어라운드를 한다거나, 여름에는 불길한 번개를 만드는 엄청난 크기의 적란운을 크게 돌아가야 하기도 한다. 가을 태풍이 오면 다른 공항으로 임시 착륙해야 하기도 하며, 큰 눈으로 인해 일시적으로 공항에 갇히는 사태가 발생하는 겨울도 비행기를 기다리고 있다.

현역에서 은퇴한 지금은 앞에서 소개한 혹독하면서도 멋지고 넓은 하늘의 자연을 오감으로 맛볼 기회가 없다. 남반구를 향해 비행하면 ITCZ(Inter-Tropical Convergence Zone. 적도수렴대)라 부르는 위치에서 적란운 무리의 끊임없는 번개를 눈앞에 두고 긴장했고, 미국 서부 해안을 비행할 때는 멀리 떨어진 태평양 상공에서 어스름하지만 파르스름하게 보이던 동트기 전의 수평선을 바라봤다. 지금도 그때 본 수평선의 아름다움을 잊을 수 없다. 목적지가 VHF(초단파)로 통신이 가능한 500km 이내로 가까워져서 항공관제 기관과 다른 비행기의 교신이 들려올 때 느꼈던 안도감, 목적지에 도착했을 때의 성취감 등은 그리운 추억이다.

훈련 개시 전에 해당 비행기의 운영교범을 확인하며 어떤 비행기인지 알고 싶은 마음과 긴 훈련을 시작하는 긴장감이 섞여 있던 것도 생각난다.

이번에 항공기 운영교범을 정리해 출판할 기회를 얻었다. 끝없이 푸르게 펼쳐진 넓은 하늘과 항공 업계에서 겪은 필자의 경험을 떠올리며 이 책을 집필했다. 이 책을 통해 '하늘을 나는 일은 정말 즐겁다.'라는 생각이 전해졌다면, 그보다 더한 기쁨은 없을 것이다.

나카무라 간지

찾아보기

옮긴이 전종훈

서울대학교와 도쿄대학교에서 전자공학을 공부하고, 북유럽에서 디자인을 공부한 후 산업 디자이너로 활동하며 번역 에이전시 엔터스코리아에서 일본어 전문 번역가로 활동하고 있다. 옮긴 책으로는 《비행기 구조 교과서》《비행기, 하마터면 그냥 탈 뻔했어》《비행기 역학 교과서》《선박 구조 교과서》등이 있다.

# 비행기 조종 기술 교과서

비행기 마니아를 위한 엔진 스타트, 이륙, 크루즈, 착륙, 최첨단 비행 조종 메커니즘 해설

1판 1쇄 펴낸 날 2022년 9월 5일
1판 2쇄 펴낸 날 2024년 11월 25일

지은이 나카무라 간지
감수 마대우
옮긴이 전종훈

펴낸이 박윤태
펴낸곳 보누스
등록 2001년 8월 17일 제313-2002-179호
주소 서울시 마포구 동교로12안길 31 보누스 4층
전화 02-333-3114
팩스 02-3143-3254
이메일 bonus@bonusbook.co.kr

ISBN 978-89-6494-576-6 13550

• 책값은 뒤표지에 있습니다.

# 지적 생활자를 위한 비행기 교과서 시리즈

### 비행기
### 구조 교과서

나카무라 간지 지음
전종훈 옮김 | 232면

에어버스·보잉 탑승자를 위한
항공기 구조와 작동 원리의 비밀

### 비행기
### 엔진 교과서

나카무라 간지 지음
신찬 옮김 | 232면

제트 여객기를 움직이는
터보팬 엔진의 구조와 과학 원리

### 비행기
### 역학 교과서

고바야시 아키오 지음
전종훈 옮김 | 256면

인문지식인을 위한 비행기가 하늘을
날아가는 힘의 메커니즘 해설

### 비행기
### 조종 교과서

나카무라 간지 지음
김정환 옮김 | 232면

기내식에 만족하지 않는 마니아를 위한
항공 메커니즘 해설

### 비행기
### 조종 기술 교과서

나카무라 간지 지음
전종훈 옮김 | 224면

비행기 마니아를 위한 엔진 스타트, 이륙,
크루즈, 착륙, 최첨단 비행 조종 메커니즘 해설

### 비행기, 하마터면
### 그냥 탈 뻔했어

아라완 위파 지음
전종훈 옮김 | 256면

기내식에 만족하지 않는 지적 여행자를 위한
비행기와 공항 메커니즘 해설 교과서